100 LECCIONES de NEUROCIENCIA

DR. EDUARDO CALIXTO

100 LECCIONES de NEUROCIENCIA

UNA GUÍA PARA DESCUBRIR LOS SECRETOS DE TUS EMOCIONES Y DE TU COMPORTAMIENTO

AGUILAR

Papel certificado por el Forest Stewardship Council®

MIXTO
Papel | Apoyando la silvicultura responsable
FSC® C117695

Penguin Random House Grupo Editorial

Primera edición: septiembre de 2024

Printed in Spain – Impreso en España

ISBN: 978-84-03-52432-3
Depósito legal: B-11305-2024

Compuesto en Mirakel Studio, S. L. U.

Impreso en Black Print CPI Ibérica
Sant Andreu de la Barca (Barcelona)

AG 2 4 3 2 A

Para Carmen, mi madre…
Mi reflexión constante, mi asertividad

Índice

PRÓLOGO

¿Por qué *100 lecciones de neurociencia*? El número 100 está relacionado con el conocimiento, lo positivo; asociado a listas y catálogos, el 100 también se relaciona con eventos de cambios inesperados. Es un número relacionado con la polémica y conceptos medibles y sensación de avance o plenitud. El 100 puede estar conectado con adelantos cuantitativos para evaluar o considerarlo meta o punto y aparte. Es el 100 un número alcanzable y sencillo de manejar por sus múltiplos.

100 lecciones de neurociencia es un libro que puede ser una sesión de clases sin otro objetivo que el de aprender de manera divertida nuevos conceptos en el campo de la neurociencia. Es un texto que resume hallazgos recientes de la plasticidad neuronal y su relación con conductas, algunos trastornos o explicaciones de eventos cotidianos.

100 lecciones de neurociencia puede contener temas de estudio, de análisis de información o el inicio de polémicas. Cada una de estas lecciones se puede discutir con expertos, colegas, pares o con uno mismo. Cada una de ellas relacionan aprendizaje, análisis y reflexión, pero, sobre todo, la construcción de un argumento para contestar con bases cognitivas, científicas, a algunos elementos habituales a veces lejanos o áridos.

Ojalá este libro de divulgación de la ciencia sea una invitación a seguir aprendiendo de cada tema, a continuar una búsqueda en otras fuentes para saber más y, sobre todo, sirva como una lectura accesible o el punto de inicio de un debate académico, un libro que pueda, mediante conceptos, ilustrarnos cómo funciona nuestra memoria y favorecer el aprendizaje de temas actuales hasta el razonamiento de múltiples conocimientos.

LECCIÓN 1

Agotamiento mental por vídeo: las videoconferencias cansan

La comunicación por vídeo, ya se trate de una clase por zoom, una conferencia, una sesión a distancia u online, atenúa la sincronía entre cerebros, y esta es la principal razón por la cual una comunicación por medio de la pantalla de un monitor o tableta agota más que una charla cara a cara.

El cerebro integra la información externa de acuerdo con la emoción que tiene, el 75% de la atención con la que observamos nuestra realidad se debe al nivel de emotividad que en este momento tenemos. Las emociones pueden ser moldeadas por la cultura y el aprendizaje. Todos los humanos poseen la capacidad de experimentar y percibir el mismo conjunto básico de las 36 categorías de emociones, y estas son más fáciles de compartir cuando estamos presentes.

El desarrollo de las emociones implica una interacción sutil entre genes, neuronas, neuroquímica y retroalimentación de nuestro entorno. Las microexpresiones en nuestro rostro deben ser detectadas en persona, y ante una cámara se ocultan los mensajes casi inapreciables que, al no ser percibidos, hacen que nuestras neuronas se distraigan o dejen pasar información importante. Ver en persona el rostro de quien nos habla, ser testigo de su lenguaje corporal, induce una emoción que fortalece el mensaje, con lo cual podemos pasar más tiempo sin sentir cansancio. Para el cerebro es necesario ver, interpretar y analizar la expresión de la cara de su interlocutor, el movimiento de los ojos, las inflexiones de las palabras, la boca, hasta las características de las narinas al respirar; el rostro con el que nos estamos comunicando nos tranquiliza, nos emociona, nos hace reír, reflexionar o llevarnos al llanto, y toda esta mezcla genera cambios en la neuroquímica cerebral de quien emite y quien recibe el mensaje. Mirarnos a la cara mientras hablamos nos ayuda a descifrar complejas emociones y mensajes ocultos. Las cascadas de acontecimientos emotivos internos no son complicadas si la interacción es personal o hay contacto físico y visual. Hablarnos en persona se acompaña de la activación de una red neuronal que evita que nos aburramos, a diferencia de hacerlo a través de una cámara, donde el cerebro se distrae con más facilidad.

La reciente pandemia de la que fuimos testigos generó un cambio en la comunicación; se suscitó un incremento en la manera de comunicarnos a través de ordenadores, tabletas y móviles. Muchos de nosotros nos iniciamos en una nueva forma de comunicación, en plataformas de acceso en paralelo con personas a las cuales podemos ver por la pantalla de su dispositivo y escuchar sin encender el micrófono. Esto permitió otro tipo de comunicación, a distancia.

En 2021 aparecieron los primeros estudios científicos que mostraron que, paradójicamente, la comunicación que teníamos a través de los dispositivos móviles generó mayor distracción, sensación de soledad y un mayor cansancio por la tarde, después de haber asistido a clases o reuniones de trabajo; se concluyó que el cerebro necesita de la interacción dinámica y personal de otros seres humanos para garantizar su plasticidad neuronal: necesitamos hablar, tocar, reír, emocionarnos e interpretarnos ¡pero en persona!, hacerlo por dispositivos tiene un límite, nos puede hacer sentir solos, cansados, aburridos y tal vez no nos sirva realmente de aprendizaje. Además, se sabe que una conversación interpersonal puede ser placentera en la medida que se conozca a la persona, se disfrute de la presencia y se interprete la emoción a través del intercambio de las miradas; este efecto tranquiliza al cerebro al disminuir el cortisol. Se ha demostrado que, en la búsqueda de comunicación sin interacción, sin intercambio de contactos, la sensación de pertenencia disminuye, la gente se enfada con mayor facilidad y llega a hartarse en periodos breves, se incrementa el estrés y se generan problemas de conciliación. La comunicación online favorece conflictos relacionados con la finalización de esta, es generadora de tensión cognitiva. Es muy común en las sesiones por ordenador, por ejemplo, que al apagar la cámara, nos resulte difícil poner un punto final, nos cuesta más llegar a acuerdos y se imponen ideas. Persiste un ambiente de egoísmo.

Desafortunadamente, cuando hablamos a través de un móvil sin ver la cara de nuestro interlocutor, en una comunicación online donde no encendemos la cámara, o no nos concentramos adecuadamente en quien nos habla, sin compartir miradas o sin reconocer la entonación, el cerebro no genera sincronización en el ritmo beta de la atención de la corteza cerebral.

Una persona que nos cae bien y con la que disfrutamos de su compañía genera una actividad electroencefalográfica semejante a la nuestra. Nuestros amigos, con los que mejor nos comunicamos, comparten emociones con nosotros y hacen que nos sintamos acompañados; en ambos cerebros se comienzan a trabajar frecuencias de activación semejantes, desde escuchar una canción juntos, cantarla, hasta hablarnos o entendernos de manera directa y personal. Todo ello hace que el cerebro genere ritmos de frecuencia para garantizar armonía y una mejor sensación en la comunicación, lo cual produce un procedimiento de empatía. Resulta importante entender que la voz humana conecta más neuronas al estar acompañada del lenguaje corporal y de la coordinación de nuestros movimientos; si esto no se logra, el cerebro gradualmente pierde atención, se aburre y se cansa más. Una clase a distancia, una reunión de trabajo o una comunicación por vídeo debe ser clara, incorporar retroalimentación, utilizar la cámara y, por supuesto, generar emociones que compartir. La comunicación virtual inhibe la creatividad, ya que al reducir el campo visual de comunicación disminuyen las posibilidades de pensar de manera creativa.

LECCIÓN 2

Leer rápido a veces no es tan bueno

La rapidez de la vida exige leer libros de manera exprés, contestar correos electrónicos, solucionar con respuestas breves documentos de trabajo o a veces otorgarle apenas dos renglones a un mensaje en las redes sociales para atender la carga de lo inmediato: esto hace necesario leer a gran velocidad. La ligereza de respuesta está bien vista, ser eficiente a costa del entendimiento se está haciendo común. Pero leer rápido no significa que se comprenda todo.

¿Son importantes los detalles de una lectura? En el 90% de los casos, sí.

Leer con premura repercute sobre la comprensión del texto; el cerebro, al leer rápido, no se queda con la mayoría de los detalles del mensaje. En condiciones promedio, un cerebro llega a captar entre 200 y 400 palabras por minuto. Cuando la prisa se adueña de las neuronas para tratar de comprender en periodos breves, fracasan el entendimiento y la comprensión; cuando a través de técnicas especializadas se logra que la velocidad de lectura sea el doble o triplique el número de palabras, ese mayor rendimiento-velocidad disminuye la eficiencia; en esas condiciones se comprenderá en promedio solo el 30% del contenido, pudiendo llegarse a la mitad si se trata de un lector con experiencia.

Las técnicas de lectura rápida son adecuadas cuando los cerebros se han entrenado en ellas, la rapidez de movimientos de ojos en la lectura es posible cuando estos tienen una adecuada óptica (la miopía y el astigmatismo reducen la captura de detalles); entender mensajes a través de la lectura depende de la mielinización de los nervios ópticos y la adecuada función de la vía visual, por lo que en niños no es recomendable llevar a cabo estas técnicas de lectura rápida en el proceso educativo. En el caso de los ancianos, el ojo ha perdido la acomodación del cristalino, lo cual hace que no capten algunos detalles y se les canse la vista.

La lectura rápida hace que las neuronas pierdan la oportunidad de releer frases que no entienden o no han comprendido. La lectura es exitosa cuando se utiliza la fonología de la palabra, se reconocen y se entienden las oraciones; de esta manera, resulta más importante para la comprensión lectora que la palabra se pronuncie, se realice la lectura con ritmo y se hagan pausas para reflexionar; si los temas se diversifican, se garantiza mayor actividad del hipocampo, lo que fomenta una mejor manera de aprendizaje; cuando la lectura se genera en un cerebro que ha dormido bien y ha comido adecuadamente, se favorece la comprensión y la adquisición del conocimiento.

La rapidez de lectura no garantiza el conocimiento, tal vez aminore la angustia de la necesidad de avanzar, pero no es conveniente para estudiar y mucho menos es un proceso que deba usar un cerebro infantil como método habitual para adquirir conocimiento.

LECCIÓN 3

Distraernos sí nos hace inteligentes

El cerebro no tiene capacidad para estar siempre alerta a una larga exposición. Es una falacia que podamos mantener la atención durante horas, porque nuestros procesos cognitivos promedio son de 18 a 21 minutos, periodo después del cual empezamos a distraernos, para finalmente volver a prestar atención a la fuente que nos pide seguir atendiendo. El proceso de enseñanza-aprendizaje debe plantear que, para una hora de atención de una clase, es necesario que cada 20 minutos el profesor genere los distractores, cambie los mensajes, realice inflexiones en su voz, ponga ejemplos de la actualidad, haga una broma o señale una anécdota y, después de 1 a 2 minutos, regrese a la clase; de no ser así, sus alumnos evadirán transitoriamente la sesión, viajarán en su distracción y regresarán por momentos para volverse a ir. Esta es la explicación de por qué, en sesiones largas y monótonas, recordamos mejor el inicio y un poco del final de la clase. Algunos profesores jóvenes suelen quejarse de la poca atención de sus alumnos, y estos, de que algunos profesores les hacen perder su atención y los acusan de ser aburridos.

Las neuronas necesitan «desconectarse» durante algunos momentos (de segundos a minutos es normal), pues esto genera que redes neuronales se dispongan a producir frecuencias de activación que ayuden a cambiar la atención y jerarquización de la información que se está adquiriendo. El cerebro humano tiene una red neuronal denominada red neuronal por defecto; estas neuronas activan la porción frontal del cerebro por la línea media, hacia atrás, activando módulos neuronales de interpretación, dolor, repetición y elaboración de tareas rápidas. La red neuronal por defecto, cuando se activa, nos permite emocionarnos con una canción, apreciar la belleza del arte, conmovernos con un amanecer viendo el mar y por otro lado hacernos creativos. Esta red neuronal nos distrae para pensar en otras posibles alternativas ante un dilema o un problema, para cambiar lo que por momentos no entendemos y nos genera tensión para disminuir la precepción de dolor moral o estímulo aversivo. Por lo que al promover la distracción gradualmente se predispone a una mejor ejecución de la red que pone atención. De esta manera distraernos es una tarea neuronal para prestar atención y agilizar los procesos memorísticos. Saber esto ayuda a entender que, si no se cambia la secuencia de estimulación en un aula o una reunión de trabajo larga, el aprendizaje disminuye.

La distracción es sana, está a favor de una adecuada salud mental cuando previamente se ha puesto atención; se relaciona con cambios neuroquímicos que predisponen a un mejor análisis de información, ayuda a dar jerarquía a detalles que mejoren el proceso de memoria-aprendizaje, lo que a largo plazo mantiene una adecuada salud mental, y otorga mejores elementos neurológicos para ser inteligentes.

Tratar de estar alerta de forma continua, estudiar sin reposo o exigirnos atención durante largos periodos no es conveniente para el cerebro; esto es reclamar demasiado a los procesos funcionales del cerebro, pues se genera incapacidad de capturar un adecuado contenido de información, y hacerlo de esta manera provoca que perdamos la capacidad de diferenciar señales importantes. En estas condiciones, la noradrenalina (respuesta inmediata) y el cortisol (respuesta a largo plazo) cambian la manera de evaluar los detalles cognitivos. Esta es la razón por la que es necesario inducir la distracción cognitiva.

Ver un capítulo de una serie, una película o incluso vídeos en redes sociales nos indica que el tiempo de atención debe ser corto. Para lograr el efecto de atrapar nuestra atención, cada 20 minutos de media se debe cambiar la secuencia de hechos, el argumento debe dar un giro o bien suceder en escenas algo diferentes; de lo contrario, la película pierde nuestra curiosidad y se nos hace lenta o aburrida.

Por lo tanto, nos conviene distraernos, pues a una persona que manifiesta estar aburrida le lleva más tiempo responder a riesgos inesperados. El aburrimiento es un factor importante que está detrás de adicciones como fumar, beber y consumir drogas ilegales. El aburrimiento, la depresión y la ansiedad son los desencadenantes más frecuentes de los atracones de comida.

LECCIÓN 4

Los flavonoides: el té y el chocolate en la neurociencia

En el año 2008 se identificó por completo el contenido de sustancias, elementos y moléculas del cacao, el cual es rico en vitaminas A, B, C, ácido pantoténico, riboflavina, cafeína, teobromina, además de calcio, potasio, hierro, magnesio, fósforo, cinc, cobre y manganeso. Sin embargo, el descubrimiento más grande que se hizo sobre el cacao y el chocolate fue su alto contenido en flavonoides, una familia de moléculas con un alto impacto benéfico sobre la conectividad neuronal.

Los flavonoides tienen un efecto farmacológico y fisiológico directo en la cognición, atención y recuperación funcional. Nuestro grupo de trabajo en el año 2013 identificó que un flavonoide, llamado 7 glucosil acacetina (7-O-Acag), es capaz de incrementar la actividad del receptor $GABA_A$; este flavonoide es capaz de capturar e inhibir a los radicales libres dependientes de oxígeno e incrementa la recuperación funcional motora ante un daño neuronal, es decir, contribuye a conectar neuronas.

Varios estudios han mostrado que los flavonoides están relacionados con la recuperación funcional cognitiva a través de un aumento en la fluidez verbal, memoria y atención selectiva. Los flavonoides no solo se encuentran en el chocolate, están distribuidos, prácticamente en todas las plantas de las que pueden realizarse infusiones, en las uvas y en las manzanas. Algunas investigaciones ponen de manifiesto que los flavonoides incrementan el aumento de flujo de sangre hacia el cerebro, así como la organización y formación de nuevos vasos sanguíneos, todo lo cual permite un aumento de llegada de glucosa y oxígeno a las neuronas.

Aún no se tiene completamente identificado cuánto chocolate, uvas o manzanas deberíamos comer para alcanzar una dosis tóxica de flavonoides, pero habría que consumir mucho más de lo que un estómago promedio comería al día y llegar a la intoxicación. Esto implica que lo importante no es comerlo un día, sino hacerlo durante meses, de manera sostenida. Conviene incorporar a nuestra dieta las uvas, los tés, en especial de melisa, las manzanas y el chocolate, ya que todos ellos otorgan antioxidantes y garantizan una mejor circulación sanguínea cerebral.

Los flavonoides están relacionados directamente con una disminución del riesgo de cáncer, rebajan la presión arterial que favorece el control de la hipertensión arterial, agregan cambios en la actividad cardiaca —reducen la fuerza de contracción, protegiendo al corazón—, inducen el incremento en la calcificación del hueso y por lo general funcionan como antiinflamatorios. Los flavonoides son excelentes compuestos que pueden estar recomendados para el tratamiento de enfermedades como el alzhéimer y el párkinson. Asimismo, tienen la capacidad de hacer disminuir las consecuencias de la hemorragia y el traumatismo craneoencefálico, así como potentes efectos neuroprotectores y de recuperación de la fuerza motora. Los flavonoides representan moléculas que, en el futuro, seguramente se van a utilizar como agentes inmediatos en la búsqueda más efectiva de rehabilitación neuronal.

LECCIÓN 5

La infidelidad es un suceso en el cerebro: siempre es una elección

Enamorarse es un evento neuroquímico en el cerebro que involucra de 29 a 32 áreas cerebrales y la actividad de más de 15 neuroquímicos, entre hormonas, neurotransmisores y neuromoduladores en secuencia. El enamoramiento es una hermosa y peligrosa proyección neuronal de lo que se quiere y desea en una persona. Por la naturaleza neuroquímica de liberación de dopamina que genera placer y disminuye la actividad inteligente de la corteza prefrontal, el enamoramiento como evento neuronal gradualmente se autolimita y desensibiliza en un promedio de 3 a 4 años. En contraste, el amor es una secuencia de activación de 12 a 16 áreas cerebrales, con una mayor eficiencia neuronal, entendimiento de límites y aceptación de la pareja con sus errores y limitaciones. El amor, a diferencia del enamoramiento, es un evento más duradero, el cual acepta la persona como es, se aprende y se construye en él y es una decisión a largo plazo. El amor interpreta las consecuencias de las decisiones y los límites, lo que en el enamoramiento no existe o se dificulta mucho.

El cerebro de los humanos es el único capaz de convivir en sociedades íntimas o en familia durante mucho tiempo con uno de los principales objetivos de vida: cuidar a los genes (hijos, nietos) y procurar los cuidados de la relación de pareja por mucho tiempo. Dado que no existe límite en dicho tiempo, ¿por qué algunos deciden ser infieles?

En la ciencia es muy complicado identificar constantes, y si estas existen, darles una explicación resulta controvertido en ocasiones. Desde el punto de vista científico, el cerebro humano no puede construir la fidelidad como un objetivo fundamental, ya que esta se entiende gradualmente con determinismos recíprocos entre lo social y lo psicológico con lo biológico y viceversa, se aprende, y se proyecta a lo largo de la vida; nuestra evolución ha demostrado lo importante del cuidado de los genes, para que estos se queden en este planeta por mucho tiempo. Desde un análisis psicológico y social, la fidelidad ha hecho que esta especie a la que pertenecemos sea más eficiente en la búsqueda y el reparto de los recursos para sobrevivir y, por otra parte, ha incidido en el cuidado que trasciende en una mayor expectativa de vida. Aun cuando no les guste a muchos, ser fieles a una pareja repercute en la economía, la salud y en mayor esperanza de vida.

La fidelidad representa un triunfo de la función de la actividad de la corteza prefrontal, la parte más inteligente del cerebro para el entendimiento de los límites sociales y las consecuencias de romperlos. Ser fieles representa estabilidad y, a través de una construcción biológica y social, el mantenimiento de un orden. Los seres humanos no somos fieles por un orden biológico, sino por una obediencia social y confort psicológico. Dado que el humano en promedio puede enamorarse cada tres o cuatro años, la búsqueda de estas emociones asociadas al aprendizaje o una pérdida del interés por la pareja suelen ser los principales detonantes para buscar incrementar los niveles de dopamina con otras personas o posibles parejas.

¿Qué sucede primero: la infidelidad o la crisis de la pareja? Una infidelidad se considera uno de los acontecimientos más estresantes en el curso de una relación. Si la dinámica de la pareja va mal, cuesta abajo, puede derivar en la decisión de ser infiel. Ante una infidelidad, la satisfacción de la experiencia de vida con la pareja disminuye mucho antes de cometer la infidelidad, esta existe en el pensamiento y viene gradualmente —en la mayoría de los casos— construyéndose en la región del sistema límbico del cerebro; la relación de pareja está en crisis antes de que una de las partes sea infiel. La falta de comunicación, la monotonía, la lejanía física o simplemente la inmadurez, juntas o por separado, están latentes en este proceso.

Las mujeres infieles indican sentirse mejor después de una infidelidad que los hombres infieles. Desde el análisis de la neurociencia, ellas tienen un elemento para escoger y elegir a las posibles parejas, de manera más inteligente y con evolución neurobiológica y genética, ya que el cerebro de una mujer escoge y premia a la pareja que tiene una diversidad genética respecto a ella; cuanto más diferente sea a sus genes, más le supondrá un factor de seducción biológica. Ellas pueden oler el complejo mayor de histocompatibilidad —los varones no pueden hacerlo—, con lo que evitan o rechazan la consanguinidad. La infidelidad femenina es más evolucionada que la del varón, ya que ella pone más elementos para escoger o cambiar a la pareja. Los varones son más propensos a manifestar insatisfacción con su relación como motivo de la aventura, son básicos en la elección, ya que por lo general su evaluación depende de una valoración física de la posible pareja, lo cual, poco a poco y con el paso del tiempo, los volverá a desilusionar debido a la desensibilización neuronal en su cerebro de la dopamina que lo hace inmediato y hedónico. La mujer siempre evaluará más cosas en el momento de tomar la decisión respecto a la infidelidad.

LECCIÓN 6

El cerebro psicópata de ¿un superhéroe?

Las películas de Hollywood, en especial aquellas que están basadas en cómics, suelen llevar a la pantalla la historia de un personaje bueno contra un archienemigo, quien, por lo general, hace cosas no meritorias que deben ser castigadas. Resulta interesante que hay superhéroes cuya violencia está justificada y entendida como lo que debe ser. Para el cerebro humano es sumamente atractivo que el bien triunfe sobre el mal, sin cuestionarse si detrás de este acto de justicia se ha producido una violencia incluso desproporcionada del superhéroe hacia el villano. Por ejemplo, la lucha entre Batman (el Caballero Oscuro) y su archienemigo, el Joker, pocas veces ha sido analizada en el terreno psiquiátrico, en el terreno de la salud mental. El hombre murciélago (o su alter ego: Bruce Wayne) tiene un trastorno de la personalidad que cumple los rasgos del perfil de un psicópata. En tanto que las características de la personalidad del Joker lo definen como un sociópata.

¿Cuáles son las características que debe tener un cerebro psicópata? Los datos conductuales más comunes en su expresión son:

- No muestran sentimientos de empatía, culpa o lealtad.
- No saben esperar; no pueden contener las emociones: es aquí y ¡ahora!
- No importan los sentimientos de los demás.
- Habitualmente generan dolor moral, adversidad e incomodidad en las personas, sin sentir ningún remordimiento.
- A veces son encantadores, para después humillar.
- A menudo son irrespetuosos y egocéntricos.
- Suelen ser meticulosos y manipuladores.
- Generan violencia, amenazas y suelen ser despiadados.
- Disminuyen la autoestima de los demás, son controladores emocionales.
- Generan odio, pero procuran victimizarse.

Un psicópata tiene pocas conexiones neuronales en la corteza prefrontal, lo cual es un sustrato neurológico para disminuir y en ocasiones no tener frenos sociales; además, se ha identificado que tiene altos niveles de catecolaminas (dopamina, noradrenalina) que los hace buscar su placer en la violencia que genera en el ambiente social. Si bien el psicópata y el sociópata son comunes en este proceso cerebral, un rasgo que marca al sociópata es que no es meticuloso, sino espontáneo en su proceder y no sigue reglas.

En los rasgos de un psicópata en la vida cotidiana, este suele también expresarse a través de las redes sociales de manera característica: realmente cree que sus ideas son superiores. Por lo general, agrede a quien previamente lo ha lastimado o ha sido injusto con él. Un psicópata en redes sociales se ve amenazado, se cree honesto por decir lo que siente y busca la justificación con otros que piensen como él. A diferencia, el sociópata, que comparte muchos de estos rasgos de la personalidad, suele ser desorganizado, sin planes y caótico en su proceder.

Un psicópata genera dolor en las personas sin sentir remordimiento. Humilla, es irrespetuoso, amenaza, violenta, destruye la autoestima de los demás. Genera odio. Un psicópata tiene pocas conexiones neuronales en la región denominada corteza prefrontal, sin frenos sociales, tiene altos niveles de catecolaminas que lo hacen buscar el placer en la violencia.

Varios estudios clínicos muestran que la psicopatía y la sociopatía tienen un origen común en la etapa en la que el cerebro está conectando diversas regiones cerebrales, en especial entre los 7 y los 14 años. Cuando la experiencia de vida es traumática a estas edades, si hay contusiones craneales o existe violencia, abuso o violación, se inducen modificaciones histológicas, citoarquitectónicas, fisiológicas y neuroquímicas de la corteza prefrontal, disminuyendo con esto la formación de los grupos neuronales que en la etapa adulta controlarán las habilidades sociales de ese individuo. Es muy interesante que en las pantallas el héroe venga siempre de una tragedia. La gran mayoría de los héroes justifican su violencia, es decir, que, si bien no podemos generalizar, la gran mayoría de los paladines de la justicia tienen rasgos de una inadecuada salud mental.

LECCIÓN 7

Las metáforas dependen de la emoción y el lugar

Tu corazón es una piedra.
Sus cabellos eran de oro resplandeciente.
Estoy entre la espada y la pared.
Me rompes el corazón.
Tengo el ánimo por el suelo.
Me partió el alma.
¿Te falta un tornillo?
Notaba mariposas en el estómago.
Estaba en las nubes.
El proyecto está en pañales.

Una metáfora es el desarrollo de la actividad neuronal que nombra algo con otra cosa para forzar una asociación o analogía. Tiene una interacción directa entre el tiempo, el espacio y la conducta. Nuestras experiencias sensoriales cambian nuestra manera de pensar e interpretar las metáforas e influir en ellas para entender o proyectar la intención, el significado y el proceso cognitivo. Las metáforas obedecen directamente al estado de ánimo que a su vez necesita determinados niveles de dopamina y oxitocina. La metáfora depende de la inteligencia del cerebro que la interpreta: el cerebro más metafórico es más inteligente y creativo. La metáfora reduce el impacto negativo de una situación de la vida, homogeniza el buen ambiente o reduce la tensión social, pero también puede desarrollar una inadecuada interpretación de los hechos.

Las metáforas dejan gradualmente de ser creativas a medida que se vuelven más habituales. En un ambiente de mayor libertad, camaradería y sonrisas, las metáforas surgen con mayor frecuencia y tienen una mayor diversidad; es decir, el contexto ambiental y social en el que nos encontramos induce un pensamiento figurativo, influye en la conducta y la descripción. Por ejemplo, si queremos ser creativos para decir y pensar en metáforas, es recomendable caminar, correr, hacer algo inusual, disfrutar de lo que hagamos, escuchar música, identificar diferentes ritmos y sobre todo tener una interacción de afecto y complicidad. El hecho de sentirse cómodo, con buen estado de ánimo y con participación de las ideas creativas hace que la metáfora pueda ser un adherente social, se pueda convertir en un sistema para una mejor convivencia entre amigos.

LECCIÓN 8

El lenguaje del llanto

El cerebro humano adulto tiene en promedio 86 000 millones de neuronas activas, que son las responsables de nuestras conductas, pensamientos, pasiones y reflexiones. ¿Qué es lo que nos hace ser la especie única y maravillosa y al mismo tiempo terrible, adictiva y conflictiva que somos ante la naturaleza y ante nosotros? Llorar nos libera emocionalmente, reduce los niveles de noradrenalina y cortisol. Nos une socialmente. Llorar nos hace humanos.

Hablemos de llorar y su interpretación.

No somos los únicos mamíferos que lloran, pero sí los únicos que interpretan el llanto y las conductas que lo acompañan. El ser humano es el único mamífero que genera lágrimas por emoción. Las lágrimas liberan tensión emocional, incrementan en el cerebro beta-endorfina, disminuyen cortisol, es decir, son el resultado del incremento del metabolismo cerebral.

El llanto se convierte en una herramienta psicológica y

social de intercambio, tanto de quien llora como de quien interpreta las lágrimas en el rostro ajeno, modificando con ello la manera de interacción que tiene el humano. Llorar nos hace humanos, nos tranquiliza, nos calma y permite la atención selectiva. En un adecuado margen de salud mental, nadie puede reír frente a alguien que llora, menos aún si existe una discusión; el agresor, al interpretar el llanto por sus neuronas espejo, disminuye la necesidad de agredir y la necesidad de tener la razón. Paradójicamente, no llorar en etapas tempranas de la vida nos predispone a la depresión cuando se es adulto joven. Evitar el llanto predispone más a la ansiedad y reduce la recuperación del estrés postraumático. Sin embargo, el llorar también nos genera liberación de endorfina, la cual puede generar tranquilidad además de adicción. Llorar nos tranquiliza y reduce la sensación de amenaza, dolor o soledad después de algún detonante aversivo o ante situaciones tristes. Sin embargo, esta situación puede hacer que el cerebro busque el llanto para regular la imposibilidad de adaptarnos e, incluso, a la menor provocación, para que los demás pongan atención en el rostro triste y tener la ganancia secundaria de la satisfacción.

Las lágrimas provocan un incremento de consumo de glucosa por parte de nuestras neuronas, por esta razón llorar nos genera cansancio físico; inducen a tener hambre, de ahí que llorar nos haga tener sueño e incrementar nuestra ingesta calórica. Ningún cerebro humano, por su naturaleza neuroquímica, puede llorar por un periodo mayor de 20 minutos. El ser humano suele llorar más por la tarde y por la noche, principalmente entre las 6 y 10 de la noche. Lo hacemos con pausas, que nos tranquilizan, nos cansan y en paralelo modifican la evaluación de la situación, activando así, sin que nos demos cuenta, a nuestras neuronas. Es importante mencionar que con frecuencia el hambre está detrás de muchas de las lágrimas que salen de nuestros ojos.

Existen tres factores neuroquímicos que nunca fallan para hacernos sentir mejor:

Llorar cuando lo necesitas, reír cuando sea posible y abrazar a quien te quiere.

LECCIÓN 9

¿Miedo a ser feliz?

El cerebro humano cuando le teme a algo que es evidente o palpable y le representa riesgo, dolor o vergüenza desarrolla una respuesta llamada miedo; es la emoción que más puede desestabilizar a una persona. Comúnmente evitamos estímulos nocivos, aversivos; es normal sentir miedo cuando un evento se considera perjudicial o cuando se anticipa a una condición que genera impresiones o creencias inflexibles. Es normal querer evitar o eliminar elementos negativos en nuestra vida. Identificar la fuente del temor para superarla incrementa nuestra autoestima y nos permite aprender y ser asertivos.

Por lo anterior, llama la atención que haya personas que le tienen miedo, aversión o fobia a la sensación de felicidad. Este proceso está relacionado con la depresión o, en su defecto, con personas que entre los 7 y los 14 años fueron sometidas a violencia constante, hostilidad o abandono, o, peor aún, sufrieron una violación. El temor a ser felices está relacionado con el pensamiento de no merecer la felicidad, y no creer en sus capacidades, no sentir sus logros o aspirar a una buena vida les genera pena. Continuamente se acompaña de una inevitable tristeza o sensación de pérdida.

El miedo a ser feliz se asocia con pensamientos mágicos (distorsiones cognitivas y creativas que orientan de manera equivocada el origen de muchas cosas), y si bien cada uno de ellos puede asociarse con conclusiones absurdas, equivocadas o llevar a trastornos de la personalidad, este pensamiento tiene una función: disminuir los niveles de ansiedad. Uno de los componentes de pensamiento mágico que se asocia al miedo a la felicidad se refiere a que tras disfrutar, reír o sentir que se está pasando un buen rato, eso se asocia a desgracias o situaciones tristes: después de una felicidad viene un trago amargo o lágrimas. Este pensamiento disminuye significativamente el deseo de sentirse feliz.

El miedo a la felicidad es muy común. El temor se manifiesta de diferentes formas: ser feliz se asocia a sentirse relajado e improductivo. En Latinoamérica muchos piensan que buscar sentirse mejor o tener privilegios los hace vulnerables y tristes; buscar ser mejor o luchar por salir adelante ha de hacerse a través del sufrimiento: el dolor y la lucha contra el mundo. En contraste, la felicidad se asocia con eventos negativos como la pasividad, las omisiones o el decaimiento: «Prefiero seguir trabajando, fuerte y aunque triste, a estar abatido en mi casa, engordando y aunque feliz, improductivo». Se piensa que si se es feliz resulta más fácil que alguien nos arrebate el motivo de esa felicidad. Es decir, para evitar el dolor de perder la felicidad, es mejor seguir sufriendo.

El miedo a la felicidad se puede identificar cuando a una persona le incomoda sonreír, considera que la felicidad que experimenta dura poco y no vale la pena, le aterra que se acabe. La pregunta constante es ¿para qué? Y al no tener respuestas concretas, prefiere no luchar o cambiar por un logro. Cuando los resultados no son importantes y se recuerda que hubo gente que desconfió en las capacidades, en los sentimientos, la incomodidad aparece, el silencio impera. Los pensamientos mágicos son muy poderosos en las proyecciones lógicas de las personas, «ser feliz siempre precede a una tragedia», «siento culpa de esto, no lo merezco».

La terapia psicológica ayuda a entender que estamos en este mundo para disfrutar, no para sentirnos mal por tener placer; es adecuado buscar emociones gratas sin agredir o molestar a los demás, sin drogas, es posible vivir bien con lo que se tiene, y es adecuado aspirar a ser feliz, aunque esto sea breve.

LECCIÓN 10

El cerebro humano es belicoso

El 10% de las muertes de la población en el planeta las han causado las guerras. Somos una especie muy especial, queremos tener siempre la razón, y, si esto no sucede, solemos tratar de imponerla. Ante la pérdida de un privilegio o la sensación de no continuar obteniendo las ganancias esperadas, aparecen la avaricia y la violencia humana.

El ser humano suele imponer su punto de vista. Cuando la labor inteligente del diálogo no es posible o la negociación adecuada se termina por imponer con violencia, se generan guerras, conflictos armados por la búsqueda del poder, la imposición de ideas o la lucha intransigente por los beneficios materiales. Hoy en día vivimos una época en la que, paradójicamente, hay menos guerras y la muerte por arma de fuego es menor que en cualquier otra etapa de las naciones. Se producen menos muertes en guerras que hace 200 años. Sin embargo, si bien el ser humano ya no tiene un depredador que lo amenace, él mismo se ha convertido en su propio factor nocivo crónico. No importa que tenga la corteza prefrontal mejor conectada, que sea el mamífero con mejor integración de inteligencia y adaptación. Tampoco importa que sepa que es la única especie que un día va a morir, el ser humano es inteligente, pero es capaz de cometer los mismos errores muchas veces; independientemente de la época de la que estemos hablando, se convierte en un ser belicoso por el simple hecho de querer tener y mantener la razón.

LECCIÓN 11

Romper la empatía

Cuando la amígdala cerebral funciona con gran actividad en sus núcleos y no se compensa de forma adecuada por la corteza prefrontal, las emociones son adversas, suelen ser interpretadas de manera aversiva y generan apatía social. Por el contrario, si la corteza prefrontal se activa y gradualmente disminuye la actividad de la amígdala cerebral, el proceso empático se logra.

La empatía es la capacidad cognitiva de conectarse emocionalmente con las demás personas, debido a que se reconocen, se comparten y logran entenderse los sentimientos y el estado de ánimo de otro ser humano. La empatía emana de una adecuada actividad de las neuronas de la corteza prefrontal, el hipocampo y la amígdala cerebral.

El ser humano, dentro de un adecuado margen de salud mental, cuando imagina que alguien sufre, es vulnerable, está en soledad, tiene dolor o abandono, y estos detonantes le generan sentimientos de desazón, entiende a esa persona y la quiere ayudar. Por el contrario, los psicópatas no desarrollan este proceso y su personalidad, caracterizada por la frialdad y la crueldad ante el sufrimiento ajeno, no tiene una regulación adecuada entre la amígdala y la corteza.

Cuando se hace una medición a través de resonancia magnética funcional de este sistema anatómico, la gran mayoría de nosotros, al contemplar diferentes fotografías donde hay niños golpeados, implorando, o una madre llorando y abrazando a su pequeño hijo enfermo, sentimos conexión con el dolor de las emociones en la fotografía y la activación de la corteza prefrontal se observa en la resonancia, aumenta la llegada de sangre a esta zona del cerebro. Sin embargo, si estas neuronas de la empatía no se activan, es lo que caracteriza al cerebro de individuos psicópatas. Ellos, los psicópatas, son incapaces de realizar un pensamiento prosocial, su mente solo aprecia lo que sucede en sí mismos, el dolor físico y moral de la persona que tienen enfrente no logran interpretarlo, no les importa, no lo ven. La percepción del dolor moral no lo imaginan, no lo entienden, no les es empático. La corteza prefrontal ventromedial está prácticamente inactiva en el cerebro de un psicópata. Es evidente que, en el cerebro humano, cuando la comunicación entre estas dos estructuras no es la adecuada, la empatía disminuye.

La oxitocina, la hormona del amor, reduce los niveles de cortisol, incrementa la empatía y los apegos. Esta hormona se libera en el parto y el amamantamiento, pero también durante el orgasmo, los besos o los saludos. La empatía depende mucho de la oxitocina, cuyo gen puede inducirse si se habla de forma tranquila, existen abrazos y manifestación de cariño.

La terapia cognitivo funcional, la estimulación magnética transcraneal y la meditación a través de la atención plena pueden ayudar a conectar este sistema.

LECCIÓN 12

Deterioro neuronal asociado al grupo sanguíneo AB

Nuestro grupo sanguíneo viene dado por una proteína que se expresa en la membrana de los glóbulos rojos de la sangre, que desempeñan un papel activo en la fisiología y patología de muchas de las células de nuestro cuerpo. Las asociaciones entre el tipo de sangre y las enfermedades se han estudiado desde principios del siglo XX, cuando se determinó que los anticuerpos y los antígenos de la sangre se heredan, al igual que algunos tipos de enfermedades.

La susceptibilidad a diversas enfermedades, como el cáncer, las enfermedades cardiovasculares, las infecciones y los trastornos hematológicos, los trastornos cognitivos, las enfermedades circulatorias, las enfermedades metabólicas y la malaria se han relacionado con los grupos sanguíneos.

Se ha identificado que las personas que tienen el grupo sanguíneo AB son susceptibles a un mayor riesgo de deterioro cognitivo, independientemente de la región geográfica, la edad, la raza y el sexo. Trastornos como la hipertensión, la obesidad, la dislipidemia, las enfermedades cardiovasculares y la diabetes también fueron más prevalentes en personas con deterioro cognitivo relacionado con el grupo sanguíneo AB. El tipo de sangre 0 tiene una relación con una mayor incidencia de cólera, peste, infecciones por tuberculosis y parotiditis, mientras que el tipo de sangre A está relacionado con una mayor incidencia de viruela e infección por *Pseudomonas aeruginosa*; el tipo de sangre B también se asocia con una mayor incidencia de gonorrea, tuberculosis e infecciones por bacterias como el *Streptococcus pneumoniae*, *Escherichia coli* y salmonela; y, en especial, el tipo de sangre AB se asocia con una mayor incidencia de viruela e infecciones por *E. coli* y salmonela.

La mayor incidencia de cánceres de estómago, en ovarios, en las glándulas salivales, en el cuello uterino, en el útero y en el colon/recto fue en las personas con tipo de sangre A respecto a las que tienen sangre tipo 0.

El 10% de la población mundial tiene el grupo sanguíneo AB. Este grupo de personas tiene la particularidad de asociar al envejecimiento el incremento de la probabilidad de deterioro cognitivo más fuerte y degenerativo.

Estudios prospectivos indican que una vejez asociada a una mala dieta y tener grupo sanguíneo AB representa una probabilidad de padecer disminución en la capacidad de aprendizaje, reducción de memoria a corto plazo y depreciación de funciones ejecutivas. Sin embargo, no todo está perdido, una dieta saludable asociada a ejercicio con regularidad disminuye estos factores de manera considerable aun teniendo grupo sanguíneo AB. Es fundamental saber qué grupo sanguíneo se tiene para considerarlo como un factor de riesgo de padecer algún tipo de daño neurológico en un futuro.

LECCIÓN 13

El circuito de la desilusión: se asocia con depresión

Los seres humanos activamos más neuronas cuando estamos tristes, cuando nos sentimos engañados o asociamos información negativa con falsa y viceversa.

Las personas que tienen depresión observan con un mayor énfasis lo negativo. Cuando el cerebro recibe información no grata o triste, la persona con depresión le otorga más tiempo de atención y no la desensibiliza. Las personas con depresión son más sensibles a los rostros tristes, a la información negativa y no responden o lo hacen de manera muy tenue ante situaciones de felicidad o caras sonrientes. Las neuronas de la habénula lateral (una región del cerebro junto al tálamo) se activan por acontecimientos negativos en una mayor proporción, además, ante situaciones inesperadas o insospechadas. También se activan cuando se produce la pérdida de una recompensa que ya se tenía prevista. La habénula se activa cuando no recibimos un premio, cuando somos soslayados, o en el momento que nos sentimos engañados o somos testigos de una traición. Estudios recientes muestran que los pacientes con depresión tienen una disminución de serotonina también en la habénula, lo que genera un incremento en su actividad, haciendo pasar malos momentos al cerebro.

La habénula es un núcleo medial con una relación muy importante con el tálamo, asociado a funciones sensoriales y motoras. La habénula lateral se relaciona con respuestas de motivación, mientras que la medial está comúnmente ligada con sensaciones y actividad motora. Su actividad guarda una íntima relación con la generación y la percepción del miedo y la depresión.

De esta forma, una persona que no tiene depresión, si detecta un engaño o un error, lo afronta y lo regula más rápido, ya que los niveles adecuados de serotonina permiten una disminución de la actividad de la habénula. Cuando hay depresión asociada a serotonina disminuida, la habénula funciona más rápido y por más tiempo, y la sensación de desilusión se prolonga y se enfoca en la detección de elementos negativos. La sensación de desilusión y desencanto emana aquí y es constantemente reforzada.

LECCIÓN 14

Comer para las neuronas

El humano come aun cuando no tiene hambre.

El cerebro humano consume el 20% de la glucosa que ingerimos todos los días —mantener metabólicamente a nuestras neuronas es muy caro—, es el órgano que más glucosa demanda en condiciones basales. El peso de nuestro cerebro representa solamente el 1,5% de nuestro peso corporal, pero es capaz —él solo— de consumir la quinta parte de lo que comemos, ningún otro órgano de nuestro cuerpo hace esto. Asociado a ello, la fisiología de nuestro cuerpo nos indica que cuando ingerimos alimentos, la velocidad de vaciamiento gástrico es en promedio de 4 horas, aunque existe una disminución en la motilidad intestinal cuando dormimos; el estómago, que está conectado a nuestro hipotálamo, suele informar de la necesidad de comer cada 6 horas, es decir, entre tres y cuatro veces al día. Dependiendo de la cantidad de calorías y proteínas que consumimos, el vaciado gástrico aumenta o disminuye; por ejemplo, comer carne roja retrasa el vaciamiento y no tenemos hambre durante un promedio de 6 a 10 horas, pero comer pescado, acelera el vaciamiento del estómago y en 4 o 5 horas volvemos a tener la sensación de querer comer de nuevo. Por otra parte, también influye en nuestro balance de comer y saciarnos cómo gastamos nuestra energía; un ambiente de ejercicio físico o actividad mental obviamente afecta en el hambre que tenemos. La sensación de hambre es lo que nos hace buscar los alimentos; sin embargo, el ser humano ha sido capaz de romper los horarios de alimentación, la frecuencia de ingesta, la calidad y la cantidad de alimento que consume. Hemos aprendido a comer, aunque no tengamos hambre, porque la comida se asocia al placer, a evadir conflictos o a algunos padecimientos físicos o trastornos de la personalidad. Entre el 30 y el 40% de la población de este planeta tiene un hábito inadecuado con la comida, un conflicto con el vínculo entre lo que come o la cantidad de ingesta calórica que consume. Es menester entender que el estrés incrementa el hambre, la necesidad de placer inmediato o el resolver a corto plazo con la comida un conflicto. Las situaciones de estrés, ansiedad, tensión o incertidumbre se asocian a una ingesta de alimentos conocida como atracones de comida, el cerebro en tensión emocional conecta más áreas neuronales, por lo que ante esta amenaza crónica procura tener más energía, sin importar si la amenaza es real o ficticia, por lo que la necesidad de carbohidratos se incrementa. Por otra parte, una inadecuada jornada de sueño (dormir menos de 6 horas al día o privarnos de un sueño reparador) es capaz de incrementar las hormonas que aumentan la sensación de hambre durante el día: las hipocretinas u orexinas. Si sumamos la privación de sueño y el estrés cotidiano, tenemos un importante factor social y psicológico que hace que los seres humanos ingieran más calorías de las que deberían.

Después de los 40 años, la velocidad de nuestro metabolismo suele disminuir y somos más propensos a subir de peso. Este proceso de almacenar energía en forma de grasa se vuelve crónico, y se asocia a una disminución de la utilidad, dado que una parte de estas calorías no se van a utilizar. La disminución del ejercicio físico y la ralentización de la actividad de la glándula tiroides y el páncreas son las causas por las que la glucosa y los ácidos grasos se almacenan en nuestro cuerpo. Este proceso, que en la época de las glaciaciones era un mecanismo de defensa ante el frío intenso y la disminución de alimentos, se quedó en nuestros genes, motivo por el que ahora, en este mundo dinámico en el cual la esperanza de vida ha aumentado, nuestro cuerpo tiende a generar la máxima eficiencia con el mínimo gasto de energía, y la mayor probabilidad de ganar peso.

La ingesta de alimentos suele acompañarse de un incremento de dopamina, serotonina y endorfinas en el cerebro, lo cual hace que los alimentos se asocien a experiencias satisfactorias. Comer lo que nos gusta es una gozada. Esta es una de las explicaciones por las cuales nuestra especie, ante un problema, dilema o frustración, busca el placer a través de los alimentos. El conflicto se inicia cuando se ingiere de manera inadecuada cierto tipo de alimentos. Somos la única especie capaz de seguir comiendo aun saciada el hambre o, peor aún, hacerlo a todas horas. La dieta del humano ha cambiado notablemente en los últimos cien años; así, mientras que en 1924, una persona promedio consumía 34 kilos de glucosa al año, en 2024 consumimos una media de 52 kilos de glucosa al año, es decir, hoy ingerimos un 53% más carbohidratos que en el siglo pasado. Dado que los carbohidratos incrementan la liberación de dopamina y endorfina, es decir, que producen un impacto directo en el ambiente neuroquímico neuronal, el proceso nos acerca a la adicción a través del placer de comer, pero a su vez desensibiliza la sensación placentera necesitando comer más. En resumen, consumir más glucosa no nos ha traído más placer, sino que nos ha generado más adicción y mayor probabilidad de comer, subir de peso y desarrollar enfermedades cronicodegenerativas como la diabetes y la hipertensión.

LECCIÓN 15

La memoria y el olvido

El olvido no es una patología, la memoria nunca es perfecta.

La memoria es la consecuencia eficiente de un proceso de plasticidad sináptica entre varios núcleos del cerebro, entre ellos el hipocampo y la corteza prefrontal. La memoria es la capacidad para almacenar información a través del aprendizaje, que es el proceso de retención y uso de información para utilizarla en diferentes periodos. A diferencia del aprendizaje, que es un proceso, la memoria puede desarrollarse independientemente de la edad que tengamos. La memoria es el resultado de varios mecanismos sinápticos, de neurotransmisores, incluso moléculas, en los cuales se encuentran englobados el glutamato (neurotransmisor excitador cortical) y el GABA (principal neurotransmisor inhibidor); el primero estimula y genera conexiones neuronales y el segundo permite la entrada de los estímulos más importantes en un periodo específico. Los recuerdos se vuelven menos intensos y detallados con el paso del tiempo, conservándose únicamente lo esencial.

La memoria depende de la eficiencia que tiene el calcio en la construcción de varios procesos fisiológicos activos dentro de las neuronas. Además, para que se forme la memoria es fundamental la actividad de las mitocondrias (orgánulos que dentro de las neuronas están involucrados en la formación de energía —ATP— y sustancias químicas). Todas las mitocondrias de nuestro cuerpo dependen del óvulo de nuestra madre, por lo que en este punto debemos reconocer que es de la mujer y no del varón de quien depende toda la generación de la energía de nuestras células, la formación de neurotransmisores y la plasticidad neuronal. ¡Gracias, mamá!

Para la memoria es importante la síntesis de proteínas en el hipocampo, lo cual es el sustento para la formación de nuevas redes neuronales e incremento en la eficiencia de conexiones y liberación de neurotransmisores. También la memoria depende de la frecuencia de estimulación y las emociones que acompañan al evento. Es decir, la memoria es incorrecta cuando la información no interesa al cerebro, cuando las neuronas no ponen atención o cuando no hay emoción. La memoria es mejor cuando se hace ejercicio físico, si se realizan hábitos para tener atención, si se ha disfrutado de un sueño reparador, si se acompaña de periodos alternos de estudio y reposo, y se asocia a motivar el interés y a tener resultados inmediatos con reforzadores. Si los procesos de aprendizaje y memoria se acompañan de los neurotransmisores acetilcolina y dopamina, se memoriza más rápido, con mayor eficiencia y se consolidan mejor. Como ejemplo, queda claro que recordamos con mucha precisión el primer beso, las vacaciones maravillosas en la infancia, la fiesta increíble o la pérdida de un ser querido; si la emoción va acompañada de un evento, la memoria queda fortalecida.

Sin emociones, solemos recordar después de 9 horas solo un 5% de lo que vimos y menos del 3% de lo que escuchamos. Queda de manifiesto que cada recuerdo que tenemos de las cosas se ha transformado con el transcurso del tiempo, cada vez que pensamos en algo modificamos su recuerdo, lo editamos, lo cambiamos. De tal manera que nuestros recuerdos no son vídeos, son ediciones paulatinas que modifican la secuencia o los resultados, la mayoría de las veces a favor de nuestros pensamientos o sesgos. Un día después de haber sido testigos de un hecho o aprendido algo, solo nos quedamos de media con el 40% del conocimiento real del acontecimiento. La mayoría de nuestros recuerdos son inexactos, más aún cuando estos se han formado a partir de experiencias esporádicas, breves o muy emotivas.

En la evolución temporal de nuestra biografía, la actividad neuronal y la conexión de áreas cerebrales poco a poco se van haciendo más lentas, la memoria a corto plazo se reduce, paradójicamente manipulamos más los recuerdos. De hecho, la memoria a corto plazo, respecto a la de largo plazo, es la principal afectada por el estrés crónico, la mala alimentación o por la ausencia de sueño reparador.

El cerebro no memoriza cuando hay cambios anatómicos por traumatismos o a consecuencia de violencia en la infancia; la memoria falla ante la ausencia de proteínas en la dieta; la memoria es deficiente ante la presencia de algunos fármacos que inhiben la síntesis de proteínas; la memoria es imperfecta en estados depresivos o enseñanza inadecuada, como también en alteraciones metabólicas y sensoriales (no utilizar gafas o no oír bien) y, por último, el déficit de atención y el cansancio son fundamentales para impedir el aprendizaje y la memoria.

Sí, olvidar no es necesariamente una patología, y sí es posible incrementar la memoria. Se recomiendan varias cosas que coadyuvan a la eficiencia de la memoria: jerarquizar la información, evitar tareas complejas si no hay experiencia, reducir el estrés otorgando una explicación; dormir bien, analizar detalles, comer adecuadamente, tener una dieta rica en frutas y verduras (por lo menos 6 porciones al día) puede incrementar hasta un 47% la retención cognitiva y se memoriza mejor; respirar profundo en periodos frecuentes; buscar reforzamientos positivos (un autorregalo para estimularse), romper rutinas, sesiones de música (40 minutos cada 2 a 3 meses) incrementan la conectividad en redes neuronales, clave para mejorar la memoria y la capacidad de comunicación social, y por supuesto, se debe evitar el consumo de drogas o alcohol.

Un recuerdo mal formado puede ser reactivado en una situación similar pero irrelevante, generando que el recuerdo sea más incorrecto, en lugar de una nueva experiencia. El cerebro aprende y memoriza más cuando se escribe a mano que cuando se escribe en un teclado. Nuestras neuronas no recuerdan días, sino momentos e instantes. Es incapaz de ser feliz «para siempre» o de llorar intensamente por mucho tiempo. A lo largo de la vida, el cerebro autolimita la expresión de sus emociones.

LECCIÓN 16

El cerebro y los beneficios de bailar

La música para el cerebro tiene efectos estimulantes, basados en un cambio neuroquímico inmediato (en menos de 10 segundos) y de activación de eficiencia sináptica (ritmo al electroencefalograma de ondas gamma) que ayuda a varios procesos neuronales: movimiento, sensibilidad y memoria. Cuando la música tiene una frecuencia alta, se puede asociar a factores prosociales de intercambio de comunicación no verbal, que a su vez hacen que los individuos inicien movimientos a favor de la música que vinculen más a grupos humanos y suelen asociarse a diversión, satisfacción y un estado psicológico de bienestar. El baile en cualquiera de sus manifestaciones es un proceso neuronal de asociación de música y movimientos sincronizados que al cerebro le agradan, y además tiene beneficios desde la perspectiva social, pues ayuda a homogenizar a los seres humanos.

Los efectos benéficos de bailar en nuestro cuerpo son muchos, desde las neuronas más eficientes y comunicativas, pasando por el sistema endocrino, el sistema osteomuscular y el sistema inmunológico. El baile tiene una nueva perspectiva en el manejo coadyuvante de personas con diagnóstico de alzhéimer y en el párkinson. ¿Cuáles son estos efectos? ¿En qué se basan las afirmaciones de los efectos benéficos del baile en el cerebro?

Efectos benéficos de bailar:

1. Mayor plasticidad neuronal

Se fortalece la comunicación neuronal por el incremento de dopamina, glutamato y acetilcolina provocando una mejora de la memoria y el aprendizaje.

2. Mejora la memoria

El incremento de perfusión (llegada de sangre al cerebro), asociada a un estado emotivo dependiente de dopamina, favorece las condiciones de fortalecimiento de nuevas redes neuronales.

3. Incrementa el proceso de atención

La dopamina, la histamina y la acetilcolina en la corteza cerebral, el sistema reticular ascendente y el sistema límbico predisponen a una actividad mayor entre el hipocampo y la corteza prefrontal. El sistema neuronal de atención y las redes de reverberación (repetir varias veces) de información se fortalece.

4. Incrementa la velocidad del metabolismo aeróbico

Se incrementa el consumo de glucosa y oxígeno por las células que permiten atención (neurona) y movimiento (célula muscular), lo que hace que gradualmente se aprenda y disminuya la latencia de movimiento. La memoria de cada movimiento (frecuencia, fuerza, repetición) de cada músculo de nuestro cuerpo se fortalece.

5. Favorece la actividad cardiaca

El corazón incrementa su frecuencia y fuerza de contracción para garantizar la perfusión del cuerpo, de cada órgano y, por supuesto, del mantenimiento de la actividad. Esta respuesta se favorece si hay niveles altos de adrenalina, lo cual hace aún más fuerte el proceso.

6. Fortalece los músculos y el sistema inmunológico

La actividad de células inmunológicas que detectan bacterias y virus se hace más fuerte. Bailar reduce la posibilidad de infecciones y ayuda a recuperar la salud de un paciente en convalecencia.

7. Mejora el estado de ánimo

La dopamina, la oxitocina y la endorfina están garantizadas si bailar se hace con música que nos gusta. Generan motivación, apego y felicidad.

8. Incrementa el vínculo social

Después de bailar con una persona, esta no vuelve a ser como antes la veíamos. Afianzamos amistad, apego y, por supuesto, en ocasiones es el inicio de una relación. Esto se debe a que bailar incrementa la oxitocina en una magnitud que nos hace más sociables y reduce la violencia y agresividad.

9. Disminuye los niveles de cortisol

Bailar es uno de los mejores factores sociales antiestrés: el motivo es que la carga neuronal de la amígdala cerebral cambia la emoción, disminuyendo la actividad de la estimulación de la glándula suprarrenal.

10. Se otorga mejor el oxígeno a las células

El oxígeno se utiliza principalmente para la formación de energía (ATP) y neurotransmisores. El respirar profundo durante el baile es una fuente directa de estimulación benéfica: neuronal, muscular y glandular-endocrina.

LECCIÓN 17

El perfeccionismo tiene un marcador: comerse las uñas

Una personalidad perfeccionista es aquella que establece estándares muy altos en el desempeño de una evaluación constante de la conducta, y genera de manera excesiva autocrítica y creciente preocupación por cometer errores. Los perfeccionistas expresan una baja tolerancia a la frustración. El perfeccionismo es la convicción crónica y cruel de que se debe ser perfecto en todo, buscando siempre lo ideal y, si no se logra, se critica; se asocia a personalidades poco flexibles, con miedo al fracaso.

Estudios recientes en el campo de la neurociencia muestran que un perfeccionista ante el estrés, aburrimiento o frustración genera un acto compulsivo: comerse las uñas (onicofagia). La frustración ante un error, sentirse mal por no cumplir expectativas o querer llorar ante un fracaso son algunas de las consecuencias de tener una personalidad perfeccionista y también los detonantes más frecuentes para que una persona empiece a comerse las uñas o a limpiarse en exceso las manos.

Prácticamente el 85% de las personas que manifiestan onicofagia tienen personalidad perfeccionista, tienden a una planificación minuciosa, trabajan más de lo necesario, suelen sentirse frustrados ante los errores, y encontrarse inactivos o aburridos les genera conflictos. A la persona perfeccionista le cuesta demasiado tiempo relajarse. El mal hábito de morderse las uñas y la parte lateral de los dedos tiene su origen en no saber qué hacer ante un conflicto o ante la antelación de la incertidumbre.

Cercano a un trastorno obsesivo compulsivo, sin serlo, el perfeccionista limpia en exceso sus gafas, su reloj o anillo, alisa la ropa como si la estuviera planchando, o suele peinarse varias veces; estas son compulsiones que se observan en la personalidad perfeccionista. El cerebro necesita la satisfacción de cambiar esa sensación displacentera. Tiene la necesidad urgente de ocuparse en algo, arreglar algo. Lo que para él al inicio resulta un alivio, en pocos minutos pasa a ser vergonzoso y le procura dolor. Las neuronas corticales de la ínsula y el cíngulo tratan de limitar el fastidio, el enfado o el aburrimiento, evitando no manifestarlo hacia otra persona, pero en la medida que lo repite constantemente muestra una inquietud.

Entender la situación de onicofagia como marcador de perfeccionismo ayuda al tratamiento y terapia psicológica de las personas que ya tienen lesiones, cicatrices o infecciones constantes en los dedos, o zonas de alopecia (por arrancarse el pelo). Las conductas perfeccionistas se pueden mejorar a través de la terapia cognitivo conductual, cuando se logra aprender y pensar de manera directa, tratando de modificar de diferente forma cuando se aumenta la tensión o el estrés con el único fin de bloquear los impulsos de comerse las uñas.

LECCIÓN 18

El desorden incrementa nuestro peso

El estrés es uno de los principales inductores para generar hambre. Cuando en el entorno hay desorganización, no hay horarios para la ingesta de comida, la mesa de trabajo se encuentra desordenada y la recepción de información cada vez es más caótica, si se nos informa intempestivamente de una mala noticia, se incrementa la liberación de noradrenalina y cortisol y disminuye la dopamina asociada a la serotonina.

La sensación de estar a la expectativa, la excesiva latencia para generar una respuesta o la incertidumbre son detonantes para buscar a través de la comida una sensación placentera. El cerebro necesita sentir que ordena, controla y puede motivarse. Comer en estas condiciones genera una carga calórica y en forma de atracón que cambia el metabolismo, el páncreas (insulina) y la tiroides (tiroxina) se activan de tal manera que el resultado final es el aumento de peso por el exceso de la carga calórica que se ingirió. Se come sin límite, se sube de peso velozmente.

Una vez que se encuentra en orden la situación, ya no hay detonantes de estrés, se terminó la prisa, sucede la magia de sentir menos hambre. No es necesario vivir la experiencia de manera personal. Increíblemente, cuando alguien es testigo presencial o a través del vídeo o la lectura percibe un ambiente crítico (cerrado, sin contacto social o doloroso), situaciones hipotéticas de guerra, desorden, desagravio, su cerebro es también más propenso a experimentar hambre.

Cuando una persona llega a acuerdos y tiene la sensación de que al menos los siguientes minutos-horas habrá control de una situación extrema o difícil, la percepción del hambre disminuye. Sin embargo, en aquellas personas que sienten que hay un desorden y que no lo pueden controlar, el cerebro es capaz de inducir hambre para comer el doble o el triple. La ingesta calórica se asocia a liberar dopamina y beta-endorfinas para tranquilizarse, como si fuera una droga, se busca un reforzamiento positivo.

El orden siempre beneficia, pero, además, disminuye el cortisol. El orden nos permite tener más control sobre nuestras cosas.

LECCIÓN 19

El maltrato y la violencia en el cerebro

El cerebro humano es el sitio donde se generan los recuerdos, los proyectos de vida, las emociones más profundas, y ahí radican también las experiencias negativas y la conducta violenta. Aunque el miedo, la violencia y la ansiedad son más tolerados en el adolescente y los jóvenes que en los adultos, es en la juventud donde son más vulnerables nuestras neuronas ante los ambientes hostiles.

Catástrofes como seísmos, huracanes durante la infancia, hechos violentos, maltrato social o migraciones hacen que el cerebro en un adolescente aprenda, retroalimente y viva a través de su generación con ansiedad y miedo. La gran mayoría de los sucesos violentos que se viven en etapas tempranas de la vida impactan de manera negativa en el futuro del ser humano, no solo como un aprendizaje, sino también como inductores de cambios en conexiones entre neuronas que gradualmente modifican la anatomía y el estado neuroquímico cerebral.

La violencia humana no es un hecho aislado. Es consecuencia de antecedentes en la vida. Un acto violento tiene precedentes biológicos, psicológicos y sociales. La etapa vital entre los 7 y los 14 años es fundamental en cómo se organizan y se conectan áreas cerebrales con las cuales funcionará nuestro cerebro en los próximos años. En esta etapa de la vida, el giro del cíngulo, el cual es el área cerebral que modula conductas, aprendizaje, emociones, atención y evaluación social, conecta y refuerza comunicación con el núcleo accumbens, estructura neuronal que interpreta emociones, recompensa, muestra emotividad, situaciones placenteras y deseo. A su vez, en este periodo el hipocampo, que es sitio de memoria, atención y aprendizaje, organiza la conectividad con estas áreas y con la corteza prefrontal, la cual representa el sistema de las funciones cerebrales superiores como la lógica, la congruencia, los límites, la objetividad, los valores sociales y el análisis matemático.

De los 7 a los 14 años, el cerebro conecta sus módulos de memoria, aprendizaje y emociones; si en esta etapa existe violencia, abandono, mentiras, agresiones o maltrato, la huella anatómica, actividad eléctrica neuronal y neuroquímica, trastoca lo anatómico y fisiológico, lo que puede cambiar el comportamiento del futuro adulto ante hechos violentos: la víctima puede llegar a convertirse en victimario. Un cerebro violentado cambia la neuroquímica: la dinámica de liberación de neurotransmisores, hormonas, péptidos, que en consecuencia adaptan estímulos negativos de forma distinta; lo anterior es un aprendizaje ante una acción que genera una reminiscencia que perdurará toda la vida. De esta manera, un acto violento deja una huella anatómica y neuroquímica permanente, silente, difícil de cambiar, aunque no imposible de modificar.

Ser violentamente castigado de niño incrementa la respuesta neuronal al error (incrementa la sensación del error/

castigo), la respuesta ante la recompensa (menor percepción de los éxitos, menor felicidad ante los resultados del trabajo). De modo semejante a los soldados en guerra, los cerebros infantiles violentados perciben señales de amenaza constante, lo cual sustenta su enfado e ira, y en paralelo la normaliza, atenúa sus límites y la fomenta. Estudios recientes indican que regiones cerebrales como la ínsula, el hipotálamo y la amígdala cerebral, que son estructuras neuronales que ayudan a procesar dolor e interpretan amenazas, trabajan de una manera más rápida. El violento no piensa mucho en sus actos y las consecuencias, además de que no ve al otro como su semejante y tiene poca o nula empatía. Comúnmente, la persona violenta no tiene autocrítica, busca el anonimato para esconderse, al mismo tiempo que difumina sus responsabilidades y piensa que sus actos están justificados, ya sea por su autoridad o conocimiento.

Los niños que han sufrido castigos corporales son más propensos a desarrollar cambios en su actividad electroencefalográfica, manifiestan mayor ansiedad y depresión a partir de la adolescencia. La violencia en la etapa de la infancia afecta la expresión del gen del principal factor neurotrófico derivado del cerebro: el BDNF (por sus siglas en inglés), disminuyendo su expresión; la consecuencia de esto es que, al tener menos BDNF, las conexiones entre neuronas disminuyen, la víctima de la violencia reduce su conexión neuronal en áreas del cerebro que analizan, memorizan y desempeñan funciones de adaptación a los problemas, por lo que al cerebro adulto le cuesta trabajo aprender, recordar o poner atención en detalles, interpreta con sesgos, no valora adecuadamente y genera más violencia.

Si los padres obligan a un niño a dar un beso o ser besado sin su consentimiento, su cerebro verá disminuida la capacidad de detección del abuso en el futuro. Es necesario respetar el tiempo de vinculación con los demás. Los niños que soportaron muchas críticas o castigos por mostrar alegría, o sufrieron maltrato, serán quizá adultos que no mostrarán empatía y reaccionarán con enfado ante el malestar de otros.

LECCIÓN 20

¿Infancia violentada es vida?

La violencia a largo plazo en la infancia modifica la actividad del cerebro humano. Paradójicamente, este resultado de plasticidad neuronal es una posible adaptación protectora a la exposición de eventos agresivos o amenazantes. No todos los abusos, actos violentos o maltratos generan el mismo daño neuronal.

El abuso sexual en la infancia induce déficits de conectividad en las estructuras cerebrales y en los circuitos neuronales que asocian placer en la etapa adulta, se reduce la actividad de redes neuronales asociadas a la irritabilidad y la tristeza. Una violación en la infancia tiene consecuencias terribles en la víctima cuando llega a ser adulto. La consecuencia de un abuso sexual de un niño o una niña que recibe abuso físico antes de los 14 años se asocia con una serie de déficits estructurales y funcionales en el sistema límbico: una disminución del volumen del hipocampo en la edad adulta se relaciona con una reducción de la densidad neuronal de la sustancia gris cortical del lóbulo frontal (incluidas las circunvoluciones frontales inferior, media y superior, la corteza orbitofrontal y el cíngulo); estos cambios anatómicos son más significativos en el cerebro de las niñas que en el de los niños. Un abuso sexual en el cerebro infantil disminuye la capacidad de atención, memoria y aprendizaje cuando llega a ser adulto. Esto genera una disminución en el grosor cortical de la corteza somatosensorial, la corteza visual, el núcleo caudado y también disminución del cuerpo calloso, lo que incide directamente en un retraso de la maduración de la corteza prefrontal.

El maltrato emocional se relaciona más con cambios socioemocionales que se ubican en las regiones frontales y límbica de los individuos. Los niños que son desatendidos o a los que no se les hace caso disminuyen la producción de sustancia blanca y con ello se reduce la capacidad de conexión de sus núcleos cerebrales para poner atención y desarrollar la memoria.

La negligencia física define el rechazo del cuidado de la infancia o la omisión deliberada de proporcionar su atención; en ello se entiende que están ausentes los cuidados, una buena nutrición en los infantes, el ofrecimiento de vestido y refugio, así como la supervisión de la higiene personal o la seguridad del menor. La negligencia física de los padres o adultos incide directamente en la conexión del cerebro del niño, en especial cambian las conexiones de los sitios de emociones y la toma de decisiones; además, la conectividad de la amígdala cerebral con la circunvolución temporal media anterior izquierda se asocia con una disminución de la densidad del cuerpo calloso y reducción de la actividad del cerebelo, es decir, la negligencia de los adultos predispone a un cerebro violento, con disminución de procesos de planificación.

El maltrato emocional, que puntualiza una crianza sin afecto, sin apego, o con afectos inadecuados, con fallos deliberados en brindar o buscar la atención necesaria para problemas emocionales y de comportamiento, permite el abuso de sustancias o promueve el comportamiento desadaptativo. El maltrato emocional causa directamente un incremento en la actividad de las neuronas de la amígdala cerebral, con una disminución en la actividad de la corteza prefrontal e ínsula, esto es el sustrato anatómico de la conducta que, ante situaciones de peligro, predispone a una conducta agresiva inmediata asociada con dolor moral, un enfado crónico que es más evidente en varones que en mujeres. El maltrato emocional en la infancia hace adultos irritables y violentos, agresivos y groseros, poco comprometidos y carentes de autocrítica.

Finalmente, el abuso emocional con agresiones verbales, gritos, golpes, abusos con testigos, amenazas, terror o administración de fármacos no recetados se relaciona con cambios anatómicos en el cerebro, consistentes en un incremento de la actividad de la amígdala cerebral asociado a una disminución del núcleo accumbens, lo cual indica una predisposición a la violencia relacionada con tener menos elementos para sentirse feliz cuando el joven sea adulto, sin generar experiencias de bienestar, aun cuando estén presentes en la vida. Entonces aparecen conductas de evitación, violencia impulsiva o carencia del control de impulsos. El cerebro de un niño con abuso emocional predispone a un adulto que gradualmente no construye una adecuada autoestima, con disminución de la capacidad para afrontar las dificultades sociales.

Cuando la infancia ha sido difícil, cuando las cosas no han sido fáciles, pueden llevar a una etapa de adulto complicada, amargada y plagada de tristeza. El campo de la salud mental indica que sí es posible modificar el cerebro del adulto violentado en la infancia. No importa la edad, es posible incidir sobre los cambios neuroanatómicos y electrofisiológicos de un cerebro violentado en la niñez. El 82% de las personas adultas de este mundo tienen una herida o una alteración en la infancia que incide en la tristeza y el enfado cotidiano. La neuropsicología, la terapia psicológica profesional, la atención médico-psiquiátrica y, por supuesto, la meditación y la estimulación magnética transcraneal pueden ayudar a cambiar este factor que se detona en la infancia. Nunca es tarde para incidir sobre un cambio neuronal por violencia infantil, hoy podemos decir que infancia violentada ya no es vida.

LECCIÓN 21

Trastornos que se iniciaron fuera del cerebro

Los humanos somos sujetos bio-psicosociales, y por ello los trastornos mentales pueden afectar nuestra frecuencia cardiaca, presión arterial, frecuencia respiratoria, sudoración, lágrimas e hidratación de la piel. Lo que le sucede a nuestro cuerpo, a algunos órganos como el hígado, la tiroides, los riñones, el intestino, puede afectar a cómo pensamos, dormimos o cambia nuestra conducta.

Cuando no se hace una adecuada revisión e integración, muchas enfermedades no quedan bien diagnosticadas, a consecuencia de lo cual los signos y los síntomas suelen malinterpretarse. En estos casos, la atención médica y psicológica puede quedar incompleta y resultar ineficiente.

Inicialmente y de manera errónea, solemos pensar que el cerebro es el origen de muchas de las enfermedades que llegamos a tener, como, por ejemplo, dolores de cabeza, cambios en la conducta, visión borrosa, estupor, cansancio extremo, irritabilidad, ansiedad, nerviosismo, etc. Algunas de estas enfermedades se pueden identificar —lo que ayuda al diagnóstico clínico— al analizar estudios de laboratorio (química sanguínea, perfiles hormonales, electrolitos séricos, estudio coproparasitoscópico, etc.) y pruebas (rayos X, electrocardiograma, electroencefalograma, resonancia magnética, etc.). Los médicos y profesionales de la salud debemos realizar un minucioso estudio de cada paciente antes de recetar psicofármacos; es necesario solicitar estudios específicos para mejorar los diagnósticos y los tratamientos: qué recetar y a quién.

Enfermedades de órganos que afectan al cerebro

Los pacientes con sinusitis (infección e inflamación de los senos paranasales), infección de vías respiratorias altas, incluyendo las amígdalas tonsilares y la faringe suelen iniciar su padecimiento con sensación de cansancio y datos de tristeza, desánimo, sin ganas de realizar ninguna actividad. Esto suele asociarse con una disminución en la oxigenación, un incremento en citoquinas, interleucinas y leucotrienos. Los datos de cansancio son la expresión de una activación inmunológica que, al tratar de producir más anticuerpos y activar linfocitos, induce una respuesta para reducir el movimiento de nuestro cuerpo. Una biometría hemática nos brindaría información de la infección y evitaría otorgarle a un paciente un manejo de la depresión.

Alteraciones en la glándula tiroides, en especial la disminución de la actividad de ella (hipotiroidismo, el 1% de la población mundial tiene o ha tenido esta patología), comúnmente se acompañan con depresión, apatía, hipotermia y sensación de cansancio extremo. En el caso de hipertiroidismo se incrementa la actividad metabólica; suele acompañarse de agitación, irritabilidad e intolerancia al calor. Es común entender que toda persona con hipotiroidismo tiende a mostrar síntomas de depresión. Muchos pacientes son tratados y atendidos por síntomas de depresión sin realizar un perfil tiroideo. En el 75% de los casos, estos pacientes con diagnóstico de hipotiroidismo con depresión secundaria responden al tratamiento hormonal, que resulta suficiente para mejorar, y no necesitan antidepresivos o ansiolíticos.

Cuando una persona tiene anemia (disminución del número de glóbulos rojos o de la hemoglobina), tiene problemas para la concentración, le cuesta trabajo aprender, recordar, tiene dolores de cabeza, palpitaciones frecuentes, temblores y una palidez marcada. El origen de la anemia puede ser por pérdida de sangre (hemorragia) o por no tomar hierro y vitamina B (ferropriva). Una cuantificación de glóbulos rojos y hemoglobina brindaría información para evitar otorgar oxigenadores cerebrales o antidepresivos.

La disminución de calcio y de vitaminas A y D suele acompañarse de una sensación de agotamiento extremo y dificultad para poner atención y recordar.

En un estado de hipoglucemia se acompaña de agitación, angustia, incapacidad para poner atención, fallos en la forma de comunicar, apatía, además de un cambio rápido en la personalidad. Sudoración, piel fría, ansiedad. Por increíble que parezca, muchas personas que utilizan medicamentos para bajar de peso o dietas extremas suelen ir al médico para indicar su estado de nerviosismo extremo, y este, sin estudiar adecuadamente el caso, le receta ansiolíticos o antidepresivos. Una dieta equilibrada y uniforme ayuda.

Si los niveles de calcio disminuyen considerablemente, se observa agotamiento extremo y disminución de la capacidad cognitiva. Si el potasio es el que disminuye sus niveles en la sangre, se genera de inmediato dolor de cabeza, irritabilidad, taquicardia y cambios en los patrones de sueño. Adecuados niveles de vitamina C se asocian con una disminución en la probabilidad de padecer depresión.

Cuando existen alteraciones hormonales en estrógenos y progesterona a expensas de un ovario poliquístico, los cambios conductuales y en la personalidad se pueden asociar con alteraciones hormonales. Los datos clínicos suelen relacionarse con la dificultad para tomar decisiones, dolores de cabeza, irritabilidad, y comúnmente dolores de abdomen. Una revisión abdominal, ultrasonido y perfil hormonal ayudan. Pero los médicos solemos poner atención a los datos de irritabilidad o el estrés. Lejos de una mala práctica médica, que no se descarta, el principal problema es que no llegar al diagnóstico adecuado prolonga el padecimiento.

La gran mayoría de las inflamaciones, cambios en el calcio, en el potasio, por disminución de la hemoglobina o por alteraciones en la oxigenación antes de diagnosticarse, los astrocitos y la microglía —las otras células del cerebro además de las neuronas—, han identificado el problema, solo que la respuesta ha sido el dolor de cabeza (por inflamación de la arterias de las meninges), somnolencia, cansancio, sensación de sueño (cambios en la oxigenación) e irritabilidad por cambios en la excitabilidad de las neuronas de la amígdala cerebral e hipocampo.

Una deshidratación del cuerpo también puede deshidratar al cerebro. Esto es el origen del agotamiento e incapacidad para poner atención. Puede suceder una agitación nerviosa que desemboque en crisis de angustia.

Si por alguna razón la concentración de sodio en la sangre disminuye, la persona tenderá a adormilarse, tendrá menor fuerza muscular y dormirá más de 20 horas al día. No obstante, cuando se trata de pacientes geriátricos, el 60% de estos casos responden bien a una adecuada hidratación;

agregar sodio y potasio a su sangre cambia favorablemente su memoria, prosodia y la respuesta al cuestionamiento.

Tanto a pacientes como a médicos nos conviene informarnos mejor en ambos canales de los signos y síntomas de las enfermedades, así como integrar bien los diagnósticos y realizar el seguimiento del manejo farmacológico.

LECCIÓN 22

Al cerebro humano ¿qué lo hace humano?

El cerebro humano hace cosas únicas que solo él puede realizar: analiza entre 10 y 10,5 millones de datos por segundo; supone apenas el 2% del peso corporal, puede generar 48 pensamientos por minuto y logra tomar 2160 decisiones al día. También integra a una gran velocidad experiencias, planifica el futuro, toma decisiones y discrimina con gran exactitud. Genera y entiende el lenguaje como ninguna otra especie de mamíferos. Posee información de sus limitaciones y capacidades. Pretende desarrollarse e integrarse a la cultura para tener comunicación a través de redes sociales.

La inteligencia humana ha permitido a esta especie comunicarse con gran velocidad, viajar por el aire-agua-tierra, explorar el espacio; ha encontrado la forma de trasplantar órganos de un cuerpo a otro, modificar la esperanza de vida, utilizar medicamentos especializados y tener la capacidad de generar vacunas contra bacterias o virus que lo amenazan.

Las neuronas de nuestro cerebro nos permiten apreciar el arte, llorar ante una emoción, hacer y escuchar música y tener relaciones interpersonales durante mucho tiempo. No obstante, el cerebro también se equivoca, se obsesiona y puede tener trastornos, motivos por los que nos confundimos o malinterpretamos.

El cerebro humano no es el cerebro más grande de todos los mamíferos, pero la inteligencia no siempre va relacionada con un mayor tamaño cerebral: el elefante o la ballena tienen cerebros más grandes y no realizan lo que el ser humano. Nuestro cerebro ha demostrado tener una gran inteligencia a lo largo de su vida con una corteza prefrontal que lo hace único; esta estructura es la que más neuroplasticidad genera, la que le hace entender el lugar que tiene en la vida y al mismo tiempo la que toma las decisiones. Somos capaces de entender errores, pero también de equivocarnos en lo mismo más de 2 veces. Somos maravillosamente inteligentes, pero cuando nos enamoramos o nos emocionamos disminuimos esta capacidad. ¿Qué hace al ser humano tan especial? La respuesta es simple: su cerebro; y ¿qué parte de él lo hace realizar cosas hermosas y a veces tan tontas?

Veamos de qué es capaz.

- **Amenaza a otras especies**

La corteza prefrontal le ayuda a jerarquizar información y es la fuente de su conocimiento y evaluación de riqueza; su inteligencia no siempre ayuda a otros.

- **Decir groserías y mentiras**

Utiliza las malas palabras para disminuir el dolor y llamar la atención con ello. Busca liberar endorfina a través de ellas.

- **Se excita viendo pornografía (genitales, posiciones, palabras)**

El humano ha desarrollado su placer a través de la sexualidad. Ninguna otra especie realiza un proceso tan sofisticado. La dopamina y noradrenalina que esto le genera lo puede llevar a la adicción.

- **Tener sexo en cualquier época del mes-año**

Gracias a que el ser humano tiene ciclos hormonales, su cerebro pudo lograr adaptarse a todos los climas y circunstancias de luz para hacer que sus genes se queden en este planeta por más tiempo.

- **Presumir y sentir envidia**

Ninguna especie animal aspira a ser más de lo que es, solo el ser humano.

- **Generar adicciones psicológicas y farmacológicas**

La búsqueda del placer puede llegar a ser una obsesión para esta especie, tratando de disminuir el dolor, preservar el placer y generar felicidad de manera artificial.

- **Violencia premeditada contra su propia especie, genes y entorno**

El placer del control, junto con la violencia que aprende, y asociado al incremento de testosterona y al desarrollo de la plasticidad neuronal a lo largo de su vida, hacen más vulnerable al cerebro, que puede generar violencia en contra de su especie.

- **Planificar y prever el futuro**

Su gran plasticidad neuronal le permite integrar información externa, discriminar y comparar con experiencias previas. Es la única especie que sabe que un día va a morir. La confrontación con la propia finitud desencadena las reacciones de gestión del miedo.

- **Tomar decisiones por evaluación en la memoria y proyección futura**

Su hipocampo y corteza prefrontal lo hacen un cerebro único con gran velocidad de actividad.

- **Conocer sus enfermedades y procurar su salud**

Puede cuidar su salud, prever y aprender cómo mejorar. Tiene un sistema inmunológico avanzado que se comunica con su cerebro.

- **Generar y utilizar tecnología: transporte, telefonía móvil, comunicación**

Sus neuronas corticofrontales han logrado desarrollar computadoras y una tecnología de comunicación que lo hace relacionarse como ninguna otra especie.

- **Hacer y comprender el arte (música, pintura, baile)**

La capacidad del cerebro humano para liberar dopamina, serotonina y endorfina ante estímulos breves lo hace único, desarrolla su felicidad por aprendizajes y motivaciones.

- **Lenguaje e imitación de conductas**

Ha desarrollado un sistema de comunicación infalible. Con reglas para entenderse con exactitud. Para ello, desarrolla una comunicación que hace interconectar cada vez más neuronas.

- **Análisis matemático y pensamiento mágico**

A través de algoritmos nuestras neuronas pueden prever, analizar y tomar decisiones. Nuestro cerebro aprende de errores y busca controlar el futuro, pero cuando no puede hacerlo, él mismo genera explicaciones mágicas que lo tranquilizan.

- **Simbolismos e interpretación de emociones**

El cerebro humano puede entender a otro ser humano y trabajar con los procesos psicológicos; en menos de un segundo somos capaces de interpretar el rostro y escuchar el tono, pronunciación y acentuación de la voz (prosodia). Tenemos en el cerebro una estructura llamada cíngulo que inmediatamente trabaja al escuchar la voz humana. Ningún otro estímulo hace tantas conexiones neuronales como la voz humana.

- **Amor y enamoramiento**

El cerebro humano tiene capacidad prosocial y un sentido moral que lo dirige. Promueve 29 áreas cerebrales que disminuyen su lógica cuando se enamora, reduciendo su eficiencia inteligente durante 3 o 4 años. Cuando su madurez logra hacerle entender que la relación de pareja puede trascender, activará con esa persona —a partir del cuarto año de relación— 12 áreas cerebrales, que le harán sentir apego, convivir y reconocer que pueden vivir juntos durante muchos años, envejecer al lado de la otra persona y cuidar sus genes en la siguiente generación. Sí, el amor ayuda a esta especie a vivir mejor.

LECCIÓN 23

La melancolía es mala consejera

La convivencia con mi abuela era difícil, ella tenía sentimientos constantes de amargura, humillación, tristeza crónica, expresaba ganas de venganza ante tantas experiencias desagradables que había tenido en su vida. Hoy sé que dentro de su enfado y su frustración se encontraba el trastorno postraumático por amargura.

A lo largo de la vida, la gran mayoría de los seres humanos no logramos eliminar la sensación de injusticia o de agravio. Quienes sienten amargura en su vida, no tienen los recursos psicológicos para afrontar los detonantes de su tristeza y menos para resolverlos. Esta situación, que se esconde como problema psicológico crónico, se manifiesta en dolores de cabeza, colon irritable o cansancio crónico, vulnerabilidad constante, pérdida de pelo y trastornos de alimentación (bulimia, anorexia). La sensación de injusticia no les permite sentirse bien en el presente, valoran y admiran a las imágenes justicieras, aunque con ellos también sean injustos.

La ira, la frustración y el enfado son una tríada que no falla en el trastorno postraumático melancólico. Algunas personas pueden sentir la necesidad de refugiarse en el alcohol para tratar de olvidar, pero esa actitud empeoraría el caso o la crisis. Quienes tienen este trastorno melancólico, en su tristeza aparecen ideas suicidas. Por lo general, estas personas tienen odio hacia sus semejantes, ya sea físicamente o por actitudes que generaron el problema. Paradójicamente la melancolía se esconde en una actitud moral, rígida y con necesidad de venganza. A veces la víctima llega a ser victimario y reparte sus culpas a la siguiente generación.

Dada la conducta crónica que manifiestan, se sabe que el nivel de resiliencia de estas personas es muy bajo, les cuesta trabajo tanto perdonar como pedir perdón, y la carencia de recursos para afrontar la situación las obliga a esconder sus sentimientos y palabras. No obstante, la terapia psicológica puede funcionar y ayudar mucho, si no a resolver el problema, a que la amargura se detecte.

Tal vez hoy habría comprendido más a mi abuela, y la hubiera juzgado menos. Desde su perspectiva, el mundo fue injusto con ella, que intentó defenderse como pudo. No me trató mal, tampoco lo hizo bien; lo más injusto es que yo me alejé de ella sin comprender lo que le sucedía. Tras su muerte, en la distancia, mi abuela me ayuda ahora a entender mejor la neurociencia y sus diagnósticos.

LECCIÓN 24

Dormir mal para el cerebro

Dormir bien es aprovechar fisiológicamente el tiempo: aprendemos mejor, reducimos los niveles de cortisol, mejoramos la síntesis de neurotransmisores y de sus receptores, garantizamos la adquisición de memoria, disminuimos la producción de radicales libres, el sistema cardiovascular se regula y la actividad inmunológica se fortalece. En contraste, dormir mal o un estado de insomnio crónico induce un proceso emocional que incrementa la internalización de emociones negativas. Dormir poco incrementa la sensación de soledad. Para un cerebro promedio, se debe dormir al menos 6 horas al día; hacerlo menos de este tiempo incrementa la formación de memorias falsas, tener confusiones en los recuerdos o distorsionar el contexto de un problema.

Dormir de manera inadecuada favorece un estado de alteraciones en los procesos cognitivos y emocionales. Desvelarnos disminuye la actividad neuronal de las áreas cerebrales relacionadas con la empatía. El cansancio reduce la disposición de ayudar. Un estado de insomnio suele relacionarse directamente con ansiedad y depresión.

El insomnio crónico o la privación de sueño no son lo mismo, pero ambos detonan un evento de deterioro neurológico, la privación de sueño no se recupera de forma inmediata. Por ejemplo, necesitamos más o menos una semana para recuperar la atención, la memoria y la eficiencia en nuestras respuestas cuando quitamos más de 4 horas a nuestro sueño diario.

Dormir inadecuadamente —por ejemplo, menos de 5 horas al día— modifica la secreción de las hormonas que regulan el apetito llamadas orexinas; y así, desvelarnos contribuye a la obesidad, ya que, si las orexinas se elevan, se tiene más hambre durante el día, incrementando con ello la ingesta de calorías y fomentando los atracones de comida. Cuando somos jóvenes soportamos privarnos de sueño. Ser mayor de 65 años y dormir menos de 5 horas aumenta el doble de riesgo de padecer demencia.

Si el cerebro se desvela, cambia el metabolismo, que se activa para tratar de adaptarse a las nuevas condiciones de falta de reposo, y, al elevarse los niveles de cortisol, se reduce la capacidad de atención. Además, este proceso tiene efectos negativos sobre las conexiones neuronales, que no logran establecer de forma adecuada los nuevos aprendizajes o mejorar la atención y la memoria.

Algunas personas duermen poco y tienen sueños reparadores; ¿cómo pueden estar bien los que duermen menos de 6 horas al día? La explicación se encuentra en dos variantes genéticas: el DEC2 y el ADRB1 se asocian a sueños cortos y reparadores. Sin embargo, también pueden relacionarse con trastornos psiquiátricos. Cansados o privados de sueño somos emocionalmente más irritables y solemos llorar más.

El sistema digestivo es la clave para el insomnio: el intestino debe tener una relación adecuada con el cerebro a través de la formación de la microbiota intestinal (bacterias que viven en el tubo digestivo, en especial en el colon) por medio del nervio vago o bien por una comunicación de sustancias y productos que pasan por la barrera intestinal, viajan por la sangre y llegan al cerebro a través de la barrera hematoencefálica. La microbiota suele generar ácidos grasos de cadena corta que pueden utilizarse como energía o bien son indispensables para la formación de neurotransmisores como lo son el glutamato y el GABA, además de favorecer la producción en el intestino de triptófano y tirosina, utilizados para la formación en el cerebro de serotonina, noradrenalina, dopamina y adrenalina. Un estado de alteración de la microbiota intestinal, una disbiosis, puede deberse a la producción masiva de radicales libres (electrones desapareados por efecto de cambios en el metabolismo del oxígeno), es decir, la caída de los sustratos químicos que hacen que nuestro cerebro funcione adecuadamente lleva a un estado de insomnio.

Por estos motivos, a las causas habituales que nos dificultan dormir —exceso de luz, ruido, temperaturas extremas, una cama/almohada inadecuada, estrés o ansiedad durante el día, una dieta inadecuada, tensión emocional al tratar de dormir...— debe sumarse el estado de nuestro intestino.

LECCIÓN 25

El café y sus efectos neuronales

Tomar café ayuda a poner más atención, pero no evita que cometamos errores al estar sin dormir. La cafeína, uno de los principios activos del café (además de taninos, antocianinas, lignanos, melanoidinas, terpenos, flavonoides y trigonelina), tiene la capacidad farmacológica de inhibir el cansancio por desplazamiento de los receptores de AMP y adenosina en las neuronas, así como de inhibir a la enzima fosfodiesterasa, cuyo efecto es incrementar de manera intracelular los niveles del segundo mensajero AMPc, el cual es un activador metabólico al acelerar la oxidación y la generación de energía (ATP). De una u otra forma la cafeína incrementa la actividad del sistema nervioso. No obstante, aunque nos despierte o nos active, no nos hace infalibles.

Tomar una bebida con cafeína antes de ir de compras incrementa la impulsividad de adquirir artículos y de gastar dinero. Más aún, tener una tarjeta de crédito en la mano o acceder a páginas de venta por internet tras haber ingerido café favorece que las compras se puedan realizar con mayor facilidad: el café estimula las ganas de comprar. La ingesta diaria (durante 10 días) de cafeína induce plasticidad inmediata pero transitoria en el lóbulo temporal medio e hipocampo que ayuda a la concentración.

El café contiene más de 900 sustancias volátiles que interaccionan con receptores tanto de la nariz como de la lengua. Un buen gourmet sabe que saborear café incrementa la sensibilidad al dulce y disminuye la percepción de lo amargo. El café funciona antes de comer y por supuesto después de terminar los tiempos de la comida. Tomar dos o tres tazas de café al día equivale a 200 miligramos de cafeína, lo que es suficiente para que en menos de 30 minutos se mejore la velocidad y precisión en el reconocimiento de las palabras.

El sabor del café no es igual para todas las personas que degustan incluso la misma taza: la genética desempeña un papel fundamental. Algunos cerebros no perciben determinados compuestos amargos, otros individuos son especialmente sensibles a ellos. O los hay que pueden padecer un efecto paradójico de la cafeína: se cansan o les da sueño, si bien esto solo le sucede al 1% de la población.

Con tan solo oler el café activamos nuestras neuronas; al notar la cafeína, en nuestro cerebro se activa la expresión de 11 genes responsables de la producción de sustancias antioxidantes, es decir, inhibimos el efecto de radicales libres y conservación de las neuronas; el café nos activa y también protege a las neuronas.

Existe la controversia científica de si es factible ayudar con la ingesta de café a algunas personas que tengan padecimientos degenerativos como el alzhéimer y el párkinson. El consenso indica que tomar entre 2 y 5 tazas de café al día puede ayudar a proteger y disminuir la probabilidad de padecer alzhéimer y otras demencias. Por el contrario, en el caso del párkinson son menos las evidencias y no parece ser tan protector. Es importante mencionar que el café tiene un lado B, y es la inducción fuerte de provocar gastritis y colitis a quien lo consume en forma crónica, además de lo cual puede disminuir el proceso de evacuaciones, es decir, provocar estreñimiento. A nivel cardiovascular, 2 tazas de café al día aseguran un mejor funcionamiento cardiaco y por supuesto una mejoría en la depuración renal.

LECCIÓN 26

Neuronas saludables

Nuestra cotidianidad obliga al cerebro a realizar tareas que la mayoría de las veces no quiere, a cumplir plazos generadores de tensión, estrés y ansiedad, a soportar a gente que no nos gusta, a tener necesidades económicas y cargas de preocupaciones que no nos pertenecen. Ese ambiente es adverso y resulta opuesto a lo natural. Utilizamos más neuronas para pensar en lo adverso que para estimularnos con recuerdos felices. Existen tres elementos que nunca van a regresar a tu cerebro: 1) el tiempo, 2) el origen de las oportunidades y 3) la inocencia.

Para algunas personas, vivir es una carrera de obstáculos y de relevos. Somos incapaces de aceptarnos tristes o heridos, y solemos decir la mentira más recurrente: «Estoy bien». A partir de los 35 a 38 años, empezamos a perder una media de miles de neuronas a diario. A esta edad conocemos las limitantes de la vida, advertimos que no siempre tendremos la razón y podemos identificar que no todo será posible de cumplir, pero de todos modos nos agarramos a vivir.

La experiencia de la vida no es sufrir, tampoco se trata de vivir la felicidad todo el tiempo. Si entendiéramos que venimos a ser felices y a tratar de hacerlo y no para agradar a los demás, sería posible entonces mejorar la salud mental o defendernos mejor ante los golpes de realidad. ¿Qué podemos hacer? Si bien no hay reglas, no existen decálogos, la neurociencia puede ayudar a mejorar los momentos infelices y las experiencias más adversas. ¿Cómo podemos tener más y mejores neuronas saludables?

- **Tomar café.** Activar a nuestras neuronas para prestar atención.

- **Ejercicio cotidiano.** La base para una mejor perfusión cerebral y producción de BDNF (factor neurotrófico derivado del cerebro) y más conexiones neuronales.

- **Perdonar.** Liberación de oxitocina, empatía y disminución de sentimiento de adversidad.

- **Meditar.** Promueve conexiones neuronales, mielinización, cambios electrofisiológicos y promueve redes neuronales para la atención. Respirar profundo y poner atención en ello 20 minutos al día tiene efectos maravillosos en la corteza cerebral.

- **Aprender 1 a 2 cosas el mes.** Genera plasticidad neuronal y mejora atención y memoria.

- **Abrazar.** Un abrazo sincero reduce el estrés, cambia la manera de ver un problema y genera liberación de oxitocina en nuestro cerebro.

- **Enfadarse menos.** No se trata de no enfadarse, sino de autentificar el proceso emotivo. ¿Qué es lo que te hizo enfadar? ¿Qué liberó noradrenalina y cortisol de esa manera? ¿Vale la pena? Ante estas respuestas debemos aprender a gestionar en tiempos cortos el problema y buscar adaptarnos a ello.

- **Jerarquizar problemas, romper rutinas.** La corteza prefrontal ayuda a que no nos ocupemos de todos los problemas a la vez, pues no todos son importantes en la misma medida. Atender la importancia de cada uno ayuda en la manera de enfrentarlos, solucionarlos y adaptarlos.

- **Llorar cuando lo necesites, reír cuando sea posible.** Las lágrimas ayudan; necesitamos disminuir cortisol, noradrenalina e incrementar endorfina, dopamina y oxitocina. Ambas emociones cambian la manera de respirar, tanto en frecuencia como en profundidad, lo que es importante, pues la oxigenación cerebral debe ser la base de una recuperación.

- **Alimentarse adecuadamente.** Comer proteínas con una dieta adecuada en calorías, baja en grasas saturadas y con hidratos de carbono complejos que favorezcan una microbiota saludable.

- **Descansar.** Dormir más de 6 horas.

- **Reforzamientos positivos** (date un gusto). Una fuente espontánea de dopamina y endorfina ayuda siempre.

- **Lectura diaria.** La necesidad de activar el hipocampo y los hemisferios cerebrales, la emoción límbica y la conexión con las áreas cerebrales relacionadas con la lectura son fundamentales en la inducción de una plasticidad neuronal positiva.

- **Romper ciclos negativos de estrés y violencia.** Identificar detonantes, pedir ayuda profesional, saber con quién contamos, sentirnos apoyados es fundamental para valorarnos más y mejorar nuestra autoestima.

- **Evitar drogas o adicciones.** Nunca son buenos apoyos, lejos de una victimización; las drogas, sin excepción, inducen a la muerte neuronal.

LECCIÓN 27

Habilidades para manejar una crisis o problemas

¿Qué hacer cuando hay una crisis emocional? Ante un problema personal de alguien a quien queremos, ¿qué decir? ¿Cómo hablar? Estos puntos no sustituyen a un profesional, pero podemos contribuir a contener una crisis emocional.

- Serenidad y no sobrecargar. Una cosa a la vez, pero sobre todo más corteza prefrontal.
- Atención a los límites y valores: pensar antes de actuar. El aprendizaje del hipocampo ayuda, es el momento de nuestras memorias.
- Buscar la empatía de ida y vuelta: nadie es malo en su propia película. Un poco de oxitocina ayuda a entender la posición del otro.
- Conocimiento sin sesgo, una explicación que ayude. Es válido aplicar todas las estrategias y conocimientos para resolver conflictos.

- Más tolerancia, menos incertidumbre. Prefrontal, cíngulo, ínsulas e hipocampo; es un arte respirar, entender y controlar.
- Conocer emociones, validarlas, aceptarlas, no hay determinismos ni reglas: es válido llorar (15 minutos), enfadarse (35 minutos), estresarse (90 minutos) pero con el límite del tiempo que gestionan nuestras neuronas.
- Repetir sin ser necio: el objetivo, la meta, el problema, siempre enseñan, no se responde ¿por qué? Es mejor plantear ¿para qué? Es el privilegio de ser más inteligente que el problema.
- Valorar otras opciones de solución: un cambio de perspectiva elimina ser monotemático, obsesivo y solo buscar el culpable. Menos cortisol, más oxitocina y endorfina.
- Ser humilde al conocimiento. Reconocer fallos, aceptar disculpas u ofrecerlas. Saber etiquetar y jerarquizar información.
- No todo es para hoy; si es urgente, se pide ayuda. La persona más importante de este listado es quien está leyendo estas notas.

LECCIÓN 28

Oxímoron: arte y creatividad en palabras activas para las neuronas

Una yuxtaposición resulta de agregar o unir dos oraciones simples, separadas por una coma; se utilizan para realizar una oración completa. La primera es un adjetivo que otorga o potencia información de la segunda frase. Separadas no tienen tanto significado o valor, su sintaxis se incrementa cuando van juntas.

> Ama siempre, besa todo lo que puedas.
> Necesito un descanso, trabajé todo el fin de semana.
> La noche quedó atrás, un día comienza.
> Si sales ahora, te pones un suéter.

Cuando la definición o el contenido de información se opone entre ambas frases o es una contradicción se denomina oxímoron:

Tensa calma
Cobarde valiente
Silencio ensordecedor
Muerto viviente

A diferencia de la yuxtaposición, el oxímoron es un componente de la retórica con un poder para llamar la atención, activar neuronas y ser un gran método para comunicar. Esta manera de escribir, eficaz cuando se utiliza en la poesía, incrementa el interés neuronal por el juego del contenido descrito.

La lectura en el cerebro de un pleonasmo, un colmo o un oxímoron es inmediatamente registrada, ya que se activan redes neuronales de los lóbulos temporal y parietal izquierdo, el hipocampo y la amígdala cerebral, pero sobre todo la corteza prefrontal izquierda. Esto indica que el cerebro detecta errores semánticos o atiende con más detalle a los significados contradictorios. Entender la creatividad involucra más áreas cerebrales, pero también motiva a impulsar la creatividad y dominarla. Más oxímoron ayuda a relajar la lectura, a disfrutar más los contenidos.

El hecho de que la corteza prefrontal esté involucrada se debe al tratamiento de los contenidos; la proyección de las palabras le otorga la parte cognitiva al pensamiento y a la lectura, sin ello no se aprecia el verdadero enganche literario de los pensamientos descritos en las palabras.

LECCIÓN 29

Las mascotas en el cerebro

Los animales de compañía, en especial los perros o los gatos, tienen un impacto positivo sobre la salud y el bienestar de sus dueños. Las visitas personales de mascotas y las intervenciones asistidas por animales disminuyen el dolor físico, la presión arterial, el estrés, la depresión y la ansiedad de los pacientes en hospitales o casas de retiro, además de aumentar la movilidad y la socialización. Las mascotas nos mueven más y afianzan más nuestras responsabilidades.

El cerebro humano establece relaciones emocionales y de apego con sus animales, con sus mascotas. Esto no es espontáneo, es un proceso de intercambio de redes neuronales, tanto humanas como de mamíferos inferiores; compartimos mecanismos psicológicos y cognitivos con el cerebro de nuestras mascotas. Como beneficio, nuestra convivencia con los animales incrementa el apego de las personas con su sociedad.

Es un hecho que los niveles de cortisol en nuestro cerebro disminuyen de forma significativa a los cinco minutos de abrazar a nuestra mascota y esto naturalmente reduce por completo la actividad neurobiológica del estrés. Los efectos son sustentables y demostrables: tranquilidad, compañía, risas, satisfacción, etcétera.

No solo en el cerebro de personas normotípicas tienen efecto las mascotas, también en aquellas que pertenecen a la neurodiversidad hay una mejoría de la interacción entre humanos y animales. Por ejemplo, en el autismo y la esquizofrenia, la presencia de un perro o un gato disminuye la angustia y contribuye a la relajación de la persona.

Es un hecho que el dueño de un perro o un gato consigue tener más seguridad en sí mismo y mejora su estrés ante situaciones difíciles cuando su mascota está a su lado. En la medida que conviven con una mascota, los grupos sociales humanos mejoran sus recursos sociales de convivencia.

Las mascotas nos proporcionan un regalo maravilloso de aprendizaje y cuidado. Ellas no saben que un día van a morir, nosotros sí. El valor de la vida de una mascota es igual que la de un ser humano para un niño de 3 a 5 años, algo que con el tiempo irá cambiando. No obstante, hay vidas de mascotas que para algunas personas afianzan ese valor día a día a través de liberar dopamina y oxitocina, como tal vez otro humano haría. Amor incondicional es el de tu gato o tu perro esperando tu caricia y una palabra suave.

LECCIÓN 30

Los besos en la boca

¿Por qué tocarnos los labios?

Los primeros mamíferos en este planeta masticaban durante mucho tiempo su alimento antes de deglutirlo. Las madres, después de este acto, les otorgaban el alimento a sus crías en la boca; con ello la madre distinguía si su cría tenía hambre, fiebre o alguna enfermedad. Este proceso de estimulación fue generando una mayor sensibilidad en el área de la boca, con lo cual, el cerebro humano evolucionó como marcador de alimentación y erotismo. Además, como dato interesante, el humano ladea la cabeza cuando besa, porque aprende a hacerlo en las primeras etapas de mamar del seno materno, marcando con ello el hemisferio cerebral dominante.

Suele causarnos repugnancia la saliva de otras personas: nos intimida, nos aleja, nos pone en tensión o simplemente nos produce repulsión, asco. Sin embargo, cuando la otra persona pertenece a nuestro entorno más próximo, por ejemplo, una relación estrecha con hijos o la pareja, disminuye de manera significativa la sensación del asco. En la boca pueden vivir hasta 1300 tipos de bacterias diferentes con aproximadamente 20 000 genes distintos. Cada beso es un reto para el sistema inmunológico y, sobre todo, también para nuestras neuronas.

¡Bésame!

Un beso esperado y largo en los labios es capaz de liberar endorfinas que generan placer como las drogas que intervienen en el sistema opioide: creando adicción desde la primera exposición.

Un beso que entrelaza los labios de dos personas que se quieren permite el acercamiento de dos cerebros, que a partir de ese momento acceden a saber más sobre la otra persona, a través de un intercambio de humedad, temperatura, deseo, placer. Los primeros besos en la boca suelen ser motivantes, seductores, inolvidables.

La saliva, un ultrafiltrado de nuestro plasma sanguíneo por parte de las glándulas salivales, contiene agua, mucina, calcio, magnesio, sodio, anticuerpos y un pH de 7,3. En el caso de las mujeres, tiene progesterona y estrógenos, y en los varones la saliva posee testosterona, hormona que incrementa el deseo erótico, la sensación de seguir besando y por supuesto el inicio de la excitación sexual. Durante un beso intenso, ambos liberan en su corteza cerebral oxitocina, como respuesta ante una caricia, ante la cercanía y la percepción íntima del olor de la persona.

Ningún beso se parece a otro, ni siquiera uno de la misma persona. Es la oxitocina la que nos hace sentir felices, la que nos quita culpas; es la hormona que nos hace decir la verdad y al mismo tiempo perdonar y generar apego, una persona que nos ha besado no puede volver a ser vista y valorada por nuestras neuronas de la misma forma. El cortisol disminuye de manera inmediata después de un beso. Esto va asociado además a un incremento en los niveles de beta-endorfina, lo que induce un relajamiento en la actividad muscular que se asocia con placer durante la fase inicial. Los niveles de serotonina pueden incrementarse dependiendo también de la intensidad de los besos. Al elevarse los niveles de dopamina, se motiva más el cerebro para continuar la conducta; todos los besos pasan al hipocampo, generando una memoria que asocia hechos, recuerdos y reforzadores. Un beso intenso puede ser lo suficientemente fuerte para que de manera recurrente algunas personas que nos besaron bien en nuestra vida se queden durante mucho tiempo en nuestra memoria.

Los besos son fundamentales para mantener una relación; si no se dan con frecuencia, los niveles de dopamina pueden disminuir. Como consecuencia, no cumpliríamos una necesidad del sistema nervioso central, que nos sensibiliza de manera más rápida la percepción. Sin embargo, si los niveles de oxitocina fueran muy intensos, podría disminuir nuestra necesidad de un beso, pero jamás se nos olvidaría la magia del primero.

Para el cerebro, un beso en los labios es un gran motivador emocional, asociado a intimidad y, por supuesto, a un compromiso entre dos personas. El beso tiene una gran carga de erotismo, de lenguaje mutuo y entendimiento entre dos personas. El cerebro puede activar en menos de tres segundos 20 áreas cerebrales, unas relacionadas con motivación, otras con recuerdos, otras más con la actividad motora, pero, sobre todo, con un incremento en la actividad cardiovascular y respiratoria.

Cuando besamos con los ojos abiertos, el cerebro tiene un incremento en la actividad eléctrica del cerebro llamada ritmo beta. Pero, cuando se cierran los ojos, la actividad pasa al ritmo alfa, lo que hace que se incremente la percepción de la sensibilidad y aumente el placer, generando con ello un aumento en las percepciones físicas que el beso otorga. Cerrar los ojos al besar hace que claudique la voluntad. Nos enfrentamos al huracán neuroquímico, que en ese momento surge en nuestras neuronas gracias a la motivación asociada al contacto de nuestros labios.

Con tan solo saber que estás cerca de un beso, los niveles de los neurotransmisores se incrementan en nuestro cerebro: noradrenalina, dopamina, glutamato y acetilcolina incrementan la función del sistema límbico (interpretación y emociones), inhibiéndose gradualmente en la activación de la corteza prefrontal. Por eso ante los besos más intensos disminuye la lógica y la objetividad, y de ahí que digamos que todo puede empezar por un beso que nos nubla el entendimiento.

El beso en los labios es una categorización en las máximas emociones que tenemos en este planeta, es un refuerzo conductual, es un regalo, es una recompensa, pero también es una motivación. Paralelo a un beso las pupilas se dilatan, se incrementa la temperatura, aumenta la presión arterial, la respiración se hace más rápida y aumenta la frecuencia cardiaca. Otorgar un beso es lo más cercano a la felicidad, a la plenitud. Los besos de amor donde suelen tocarse las lenguas tienen como origen una cuestión evolutiva, ya que intercambiar saliva está asociado al incremento de deseo sexual, favorecer la pasión y preservar el deseo.

LECCIÓN 31

Amor y enamoramiento para la neurociencia

¿Química entre nosotros?

En el enamoramiento… la vida tiene sentido, todo puede ser divertido, se idealiza… No eres tú, es tu dopamina.

Los tiempos cortos en la latencia de respuesta en una conversación son una señal neurobiológica de que dos personas están en buena sintonía: cuanto más rápida sea la respuesta, mejor conexión se producirá; así se inicia el enamoramiento, donde la liberación de dopamina es inmediata. Cuando nos reímos, observamos por más tiempo a las personas que más nos gustan. Nunca pueden fingirse: una buena conexión entre amigos, una sonrisa sincera, dos miradas de amor que coinciden.

El enamoramiento es una perturbación electromagnética generada por la neuroquímica que induce oxitocina, noradrenalina, endorfinas y dopamina en el sistema límbico con motivación en el enfoque social, así como una disminución de la actividad prefrontal que nos quita la inteligencia. El enamoramiento es una reacción química en el cerebro de más de 14 moléculas y 29 áreas cerebrales, donde los neuroquímicos más importantes son:

Emociona la dopamina
obsesiona la serotonina
motiva la noradrenalina
perdona la oxitocina

Amar y querer no es igual, efectivamente:
AMAR = dopamina + oxitocina + endorfina + anandamida + vasopresina
QUERER = dopamina

La dopamina es la sustancia que inicia todo el evento, sin ella no hay felicidad. Si la serotonina se incrementa, aparece el proceso insistente de repetir eventos. La noradrenalina motiva y favorece conductas. La oxitocina, la hormona del amor, genera mayor plasticidad neuronal comparada con otros neuroquímicos, ya que incrementa las conexiones neuronales a través de la aparición de proteínas sinápticas de neuronas corticales.

En esta etapa, para el cerebro no es necesario insistir en los defectos de la persona amada. Cuando estamos enamorados, la ilusión le gana a la lógica, el deseo supera a la inteligencia. Nuestra motivación aumenta, el corazón nos palpita con más fuerza y frecuencia, nos invade el nerviosismo y actuamos sin lógica. El enamoramiento es un proceso fundamental para la vida que se inicia como un error neuronal transitorio; al cerebro no le interesa tanto la búsqueda de la verdad como proporcionar los elementos para sobrevivir, para que sus genes se queden más tiempo en este mundo. El enamoramiento es como una adicción farmacológica: no se puede controlar, es cada vez más intenso hasta disminuir los frenos lógicos y sociales.

Cuando estamos enamorados, se incrementa la actividad eléctrica del hemisferio cerebral izquierdo; durante un beso o conversación romántica, el hemisferio izquierdo disminuye la función cerebral del lado derecho, la actividad de la dopamina logra reducir la función neuronal prefrontal. Cuantos más abrazos y besos, más se activan electrofisiológicamente las neuronas de las áreas parietales; además, disminuyen los niveles de factores inmunológicos de inflamación (proteína C reactiva e interleucinas 1, 6 y 12).

La pasión del enamoramiento crea sentimientos de regocijo y euforia, de felicidad insoportable y a veces indescriptible: el enamoramiento se encuentra anatómicamente en el cerebro y no el corazón, en la secuencia de activación en serie y en paralelo a la corteza prefrontal, hipotálamo, la ínsula, el tálamo, el giro del cíngulo, el hipocampo, ganglios basales, amígdala cerebral y el núcleo accumbens. Pero este proceso de enamoramiento por su naturaleza neuroquímica basado en la dopamina, como si fuera una droga, se desensibiliza con el tiempo, por lo que no podemos estar enamorados más de 4 años con la pasión con la que se inicia la relación. No podemos estar apasionados por mucho tiempo, la dopamina generaría muerte neuronal si grandes concentraciones se mantuvieran en el espacio sináptico. El cerebro enamorado transforma lo que vive, los cambios neuroquímicos modifican las señales de la pareja: exagera lo bueno y también lo malo.

En el enamoramiento, al cerebro le suceden varios eventos fisiológicos cognitivos y conductuales:

- Se reduce la percepción de dolor.
- Existe un deseo intenso de repetir conductas perdiendo los límites.
- Se genera adicción a la emoción.
- El enamoramiento es imprevisto, inexplicable, obsesivo.
- La lejanía lo hace obsesivo e irreflexivo.

Gradualmente, el tiempo va cambiando el proceso de enamoramiento en amor. En realidad, la neuroquímica cambia, la dopamina y la endorfina disminuyen, con lo que la conducta pasional se reduce, la corteza prefrontal toma mejores decisiones, los límites se hacen importantes y se valoran más elementos relacionados con la vida en pareja. De las 29 áreas cerebrales de enamoramiento activas, poco a poco se evoluciona la activación de 12 a 16 áreas cerebrales, el cerebro se hace más eficiente en el amor. En este se pueden tener dudas, se cuestiona con detalle. La persona amada ya no es perfecta, si el amor existe se acepta a la pareja con sus defectos. El amor verdadero es el que respeta la decisión de la pareja, aunque no le guste. El amor es el que tolera la elección del otro, aunque no lo incluya. De esta manera, si una tontería fue lo que mató al amor, entonces no era amor en verdad. Después de enamorarnos, lo difícil será amar sin caer en la rutina. Vivir la experiencia de pareja sin achacar al otro las frustraciones propias, sin tiranizar, sin aburrirse.

Querer sin ahogar, amar sin invadir, perdonar sin poseer, extrañar sin depender.

La dopamina no es la misma del primer beso y las emotivas palabras de amor del inicio de la relación ahora tienen otra prosodia. El amor y el miedo comparten raíces neurofisiológicas comunes, ambos desempeñan un papel en las conductas relacionadas en la reproducción, la supervivencia, la seguridad y el bienestar.

Amas a quien amas no por el futuro, sino por el pasado que se desea vivir nuevamente. El cerebro ama a quien ama tratando de rescatarlo o de aferrarse a no perderlo. Es el recuerdo de dopamina y la nostalgia de la oxitocina. En el amor verdadero se respeta la decisión de la pareja, como anoté, aunque no le guste a quien ama de verdad. Es este amor el que tolera la elección del otro, aunque no lo incluya. En un amor verdadero, la fuerza del perdón está basada en la intensidad de nuestro amor y confianza. Desde el punto de vista neuronal, lo habitual no es tanto estar enamorado de la persona a la que se ama como del recuerdo de dicha persona en la etapa más hermosa del enamoramiento. Cuando nos enamoramos procuramos cumplir ilusiones que creamos por influencia social. Deseamos amar ciertos arquetipos.

Amor no es perderse en otra persona, pero comienza con dopamina de subjetividad.

Amar no es la ofuscación de vivir todo, es serotonina de obsesión que se adapta.

Amor no es querer pensar igual siempre, es llegar a ser oxitocina de apego.

LECCIÓN 32

Gratitud en el cerebro

El cerebro humano está estructurado para ser feliz, no para ser perfecto. Agradecer activa en el cerebro áreas neuronales de recompensa, de cognición moral, de equidad, de la toma de decisiones y de la autorreferencia. La gratitud es un proceso que se aprende desde pequeño, pero se fortalece toda la vida. Decir gracias es producto de la activación de las neuronas de la corteza prefrontal dorsomedial, asociado con gran actividad del hipotálamo y el giro del cíngulo anterior. Al expresar gracias como un acto de homenaje, humildad o reconocimiento, el cerebro proyecta esta palabra en el ambiente social, cognitivo, sin tiempo. Se queda en el recuerdo y cambia la interpretación de muchas de las cosas que suceden cotidianamente. Decir ¡gracias! incrementa la actividad del sistema de recompensa del cerebro que se asocia con un aumento de dopamina y endorfina; es una manera de sincronizar el cerebro de quien dice gracias con quien interpreta la gratitud. Gracias es una palabra poderosa desde la perspectiva neuroquímica y neuroanatómica, psicológica y social.

Para las neuronas que reciben las gracias, se genera la sensación positiva que ayuda a afrontar más los desafíos. Agradecer mejora la actitud ante situaciones difíciles y disminuye el dolor moral, lo aletarga.

Cambiar los sentimientos incrementa la creatividad humana. Cuando decimos gracias es más fácil modificar los sentimientos de las personas más reticentes. Al ver las situaciones emocionales desde una perspectiva diferente, se inducen cambios en la liberación de neurotransmisores, esto hace que el juicio de las cosas o hechos cambien en su evaluación. Por este motivo, la «re-evaluación emocional» consiste en ver una situación a través de otra lente emocional, una óptica distinta; por ejemplo, analizar un evento que te hace enfadar como algo neutro o esperanzador, le otorga otras posibilidades de resolverlo. Nuestra sociedad ha olvidado gradualmente decir gracias.

Los recuerdos dirigen nuestra atención sin que nos demos cuenta. Pocas veces hemos identificado que el cerebro edita sus propios recuerdos, siempre cambia los contenidos, esta es una de las pocas asociaciones de las cuales se puede hablar con determinismos en el campo de la neurociencia. Cuando volvemos a pensar en los hechos, circunstancias y evolución temporal de los resultados de nuestras decisiones, editamos varias veces nuestros pensamientos, generando sesgos o recuerdos que no sucedieron tal y como dejamos nuestro último pensamiento; es decir, cuanto más pensamos en un hecho, más cambiamos su significado. Sin embargo, son pocos los recuerdos inamovibles para nuestra vida, para la biografía que escribimos cuando decimos o recibimos la palabra gracias.

Tenemos áreas cerebrales decisivas en el sentimiento de la gratitud. En 2015, un grupo de la Universidad de California notificó que una persona que recibe ayuda en situaciones extremas agradece más el acto de sentirse protegido. La corteza prefrontal medial incrementa mucho su actividad cuando recibe apoyo, protección y seguridad, cambiando sus decisiones morales de manera inmediata. Esto hace que el humano cambie su proceder, siempre que se encuentre en un adecuado marco de salud mental; un humano agradecido cambia su perspectiva con el prójimo. Se ha comprobado que las áreas cerebrales se activan con la misma frecuencia e intensidad ante la gratitud y el altruismo. El apoyo incondicional activa la corteza prefrontal medial inferior y el precúneo de una manera recíproca, como cuando se medita o se realiza terapia cognitivo conductual. Queda de manifiesto que la gratitud contribuye a la sensación de recompensa, con el compromiso de beneficiar a los demás. Esto puede tener un lado B en las personas que ayudan de manera voluntaria y sostenida; a algunas les genera placer en el cerebro ayudar a los desprotegidos, aspirando a través de las gracias de diferentes personas a sentir la importancia de su proceder, enalteciendo su ego. Si esto no se maneja de forma adecuada, puede llevar a un trastorno de la personalidad.

LECCIÓN 33

Cerebro social y sus sesgos

Aprecia la verdad sin reclamarla, pues hacer la reclamación concibe ya un sesgo.

Si alguien quiere tener razón, cuando se sienta atacado, tergiversará los hechos con rapidez.

Por lo general, las necesidades del momento pueden empañar la capacidad de juicio y el contenido de nuestros pensamientos. La confusión emocional (estrés, miedo o vergüenza) nunca beneficia al pensamiento lógico, genera sesgos.

El grupo, sociedad, club, vecinos, familia o amigos al que pertenecemos puede modificar de manera inmediata nuestra forma de pensar, opinión y conductas, incluso si nuestros principios, conocimientos o experiencias ordenen lo contrario. Las redes sociales se han encargado aún más de enfatizar este proceso psicológico-social. Muchos fenómenos sociales, ya los veamos a través de pantallas o presencialmente, provocan que actuemos, tomemos decisiones influidas en ese momento por el orden social; así, el colectivo influye en el conocimiento personal. Este es un claro ejemplo de cómo lo psicológico y lo social tienen una retroalimentación y determinismo recíproco con lo biológico.

Las personas autoritarias tienen ventajas sociales: el ser humano suele obedecer a las autoridades, evitando discusiones, suele someterse ante una imagen autoritaria. Las personas más obedientes son las que presentan grandes responsabilidades o aquellas que son muy escrupulosas. Se obedece más cuando uno se encuentra solo o aislado.

La opinión colectiva llega a ser más importante que la personal, los demás nos influyen; así, en discusiones sociales, cuando varias personas opinan en contra de nosotros con el fin de tener una aceptación o una opinión positiva, puede cambiar nuestra forma de pensar. Esto conlleva a momentos de dudas y conflictos personales. La crisis personal empieza cuando se pueden romper los principios personales por aceptar los requerimientos sociales.

Paradójicamente, cuando pensamos que nadie nos puede hacer algo en medio de la gente, el cerebro humano se siente con menos responsabilidad social. El efecto espectador consiste en solo presenciar a otras personas, les atribuimos más importancia social, a veces sin conocerlas, no defendemos al violentado o no intervenimos de manera inmediata. Esto nos hace eludir la responsabilidad de acudir en ayuda o prestar atención.

No todos trabajan igual en un equipo. Es un hecho que, en la convivencia en un equipo de trabajo, en un grupo de más de cuatro personas, siempre hay alguno que no trabaja igual que los demás. La inactividad en grupo suele tolerarse por el bien de todos, incluyendo al holgazán. La pereza puede tolerarse cuando el grupo tiene muchos integrantes.

Cuando hay más personas en un grupo, solemos conformarnos y cambiar nuestras opiniones. Nuestros objetivos se parecen más porque decidimos no entrar en controversia con la mayoría aun sabiendo que existe un juicio erróneo.

Solemos imitar el lenguaje corporal, los gestos y las palabras de las personas con las que nos sentimos más identificados. Este es el principal y el primer componente que nos lleva a aceptar a un nuevo miembro en un grupo, la imitación incrementa la simpatía y la aceptación mutua. La oxitocina social es el mejor adherente de imitación social y el que nos hace sentir aceptados al emular lenguaje o palabras.

LECCIÓN 34

La inteligencia, lo que hay que saber

La inteligencia es la capacidad neuronal de aprender de la experiencia, de adaptarse, dar forma a resultados y seleccionar entornos para hacernos eficientes. La inteligencia medida mediante pruebas estandarizadas convencionales varía a lo largo de nuestra vida y también a lo largo de las generaciones. El cerebro humano, como órgano biológico, es suave, flexible y adaptable, pero por otro lado también relativamente estable en su información y coherente, todo lo cual hace que el humano sea un ente social con retroalimentación psicológica en sus aprendizajes. La inteligencia y las reacciones rápidas requieren un sistema de señalización electromagnética, respaldado por un sistema bioquímico, modificado por códigos sociales que influyen en la psicología de cada persona.

La inteligencia puede entenderse, en parte, en términos de la biología del cerebro, especialmente en lo que respecta al funcionamiento y madurez de la corteza prefrontal, es posible correlacionar inteligencia de manera proporcional al tamaño del cerebro, pero no es del todo correcto indicar que cuanto más cerebro mayor inteligencia, pues esto depende del número de neuronas y de su diversidad de conexión.

Diversas investigaciones muestran resultados concluyentes: la inteligencia tiene una relación con el coeficiente de heredabilidad (relación entre variación genética y fenotípica), entre 0,4 y 0,8 y esto depende de los efectos de los genes y el medio ambiente; la heredabilidad de la inteligencia varía en función del nivel socioeconómico y otros factores, como la alimentación, la estimulación y factores relacionados con la oxigenación, lo que puede medirse a través de resonancia magnética para identificar las asociaciones de materia gris y blanca del cerebro.

¿Qué datos, signos o factores pueden indicarnos si un cerebro es inteligente?

- El cerebro inteligente se adapta más rápido a la adversidad.
- Las personas inteligentes son honestas consigo mismas.
- Más inteligencia se asocia a creatividad, y las personas inteligentes suelen ser más dispersas o distraídas.
- El inteligente suele buscar el perfeccionismo como meta.
- La inteligencia detecta fácilmente problemas y propone soluciones.
- Los inteligentes se presionan más y suelen sufrir más por sus errores.
- Un inteligente suele sentirse insatisfecho con pobres resultados.
- Una persona inteligente no suele ser confiada.
- La inteligencia asocia autocontrol (menos impulsividad).
- Cuando una persona inteligente se muestra indecisa, suele deberse a un sobreanálisis de la información que posee.

- Las personas inteligentes disfrutan más de su soledad.
- Un cerebro con inteligencia ve detalles que pocos suelen encontrar.
- La inteligencia otorga lógica con mucha creatividad.
- Los puntos de vista inteligentes suelen ser atrevidos.

LECCIÓN 35

Idealizar, admirar y envidiar

¿Por qué idealizamos a las personas? Cuando el cerebro tiene una impresión positiva de alguien, inmediatamente la consideramos atractiva: atribuimos más características positivas de las que en realidad tiene. Filtramos sus errores, supeditamos los atractivos. Admiramos más lo que es difícil de ejecutar, complicado de lograr. Admiramos el talento, la belleza y la inteligencia, por lo que tendemos a comparar, valorando más los rasgos difíciles de alcanzar. Pero, como ocurre con el enamoramiento, la admiración disminuye con el tiempo.

De acuerdo con nuestras escalas sociales, resultan admirables la honestidad, la generosidad, el liderazgo, la autoridad y la determinación. Sin embargo, si alrededor de la persona existe la ética y los valores semejantes, la persona a quien se admira, incrementa su valía. Nuestras neuronas necesitan retroalimentación de la admiración, y el hecho de que un grupo social comparta la admiración justifica el gusto y la felicidad por admirar a alguien.

Idealizamos con dopamina y endorfina, activando el sistema de recompensa del mesolímbico, motivando a la amígdala cerebral a realizar conductas inmediatas y reforzantes. Por este motivo, conocer a nuestros ídolos de cerca o convivir con ellos, a largo plazo hace disminuir nuestra admiración.

El cerebro inicia la admiración cuando el desarrollo emocional se incrementa y la corteza prefrontal no está totalmente desarrollada, es decir, admiramos más cuando somos jóvenes o niños. Poco a poco este proceso se desensibiliza, maduramos, conectamos con nuestra corteza prefrontal, cambiamos nuestros valores o descubrimos otras opciones.

No hay mejor medicina para el estrés que una dosis diaria de oxitocina: apego, amor, pertenencia que nos genere una disminución del miedo y nos ayude a relajarnos mentalmente. Esta secuencia la tiene la persona que admiramos: cercana a lo irreal, pero que influye en lo que deseamos. Cuando sentimos ayuda o alivio por una palabra, se desarrolla admiración.

Nuestra admiración tiene factores sociales y de aprendizaje que se heredan. A lo largo de la vida es normal que el cerebro adquiera nuevas figuras de acuerdo con nuestros aprendizajes, conceptos y experiencias.

Es necesario poner atención para saber a quién y qué admiramos, ya que por ello se pueden desarrollar modelos de influencia negativos que no necesariamente representan nuestro aprendizaje. El 50% de las personas llegan a decepcionarse con su artista, político o figura pública favorita; igual que los admiran, también son fácilmente detonantes de enfado y desilusión. Detrás de una dependencia emocional hay una persona que admira de manera patológica; la idealización excesiva depende de una liberación de dopamina con poca corteza prefrontal, pero asociada a una felicidad y éxtasis que no permite ver imperfecciones.

Una admiración en un marco de buena salud mental debe ser equilibrada, basada en méritos adecuados y que necesariamente cambia con el tiempo. Cuando caemos en la obsesión, rebeldía, incluso en el desorden, es cuando la admiración manipula, filtra inadecuadamente los límites sociales, es rígida y se enfoca en un líder.

La envidia es aún más compleja, por el dolor que causa lo deseado, por no poseerlo, y la satisfacción de quitarlo o de que lo pierda quien lo ostenta. Los envidiosos sufren más, se esconden en falsas palabras y actos traidores. Lo paradójico es que se envidia a quien se admira, de ahí que algunas regiones cerebrales se activan en los dos procesos. Ambos, admiración y envidia, se empiezan a aprender en nuestro cerebro entre los 7 y los 14 años, pero van a fortalecerse y desarrollarse incluso toda la vida.

LECCIÓN 36

Los pasivo-agresivos

¿Persona pasivo-agresiva?
Psicológicamente, una persona que culpa a otros de lo que le sucede, que jamás es responsable de lo que ocurre, se victimiza sin cesar, siente maltrato, abandono, es egocéntrica, cuenta con un cerebro con disminución de serotonina. El proceso pasivo-agresivo es una forma encubierta de agresividad, sirve para manipular a otras personas sin que los otros individuos lo perciban; sin utilizar una confrontación y sin ser agresores francos, ocultan constantemente el verdadero motivo de su opinión y exponen intenciones que en realidad no tienen, se asisten de la mentira y se benefician de ella.

Estas personas suelen criticar la vida de otros, eso les otorga placer momentáneo. Por periodos su vida es aburrida, frustrada, gris. Su envidia genera desesperanza en quien recibe sus palabras. Generan culpa y vergüenza en los demás, en especial en su entorno más cercano. Su cortisol elevado se asocia a la inmadurez psicológica, que depende de su poca corteza prefrontal madura y de su reticencia a conectarla para su función. Evitan la confrontación y procuran protegerse.

Una de las características de las personas pasivo-agresivas es que rehúsan cooperar en lo laboral, en la casa o escuela y no sienten responsabilidad por hacerlo ni la necesidad de apoyar, no lo hacen de manera obvia. Aunque pueden disculparse por el hecho de no involucrarse en un proyecto o tarea, la mayoría de los pasivos-agresivos inventan excusas vagas, hacen todo lo posible para evitarse represalias o simulan robos, pérdidas o enfermedades para con ello generar lástima.

Su mundo conductual también les afecta a ellos, ya que no disfrutan de sus logros, ya que, aunque suelen ser competentes, no empatizan con los demás. No suelen ser muy inteligentes, pero se esconden en actividades a veces importantes. Crean un equilibrio entre lo que pueden y lo que evitan. Suelen establecer relaciones amor-odio. Este trastorno está asociado a sentimientos de impotencia y pérdida del control ante crisis personales; detrás de una persona pasivo-agresiva se encuentra la ineficiencia, la procrastinación, la pérdida crónica del tiempo en redes sociales y la búsqueda incesante de un culpable de sus fracasos.

Las personas pasivo-agresivas tienen continuamente una actitud a la defensiva, elusiva y en ocasiones de soberbia. Este proceso no solo es biológico, sino que tiene mucho de aprendizaje; es algo que empieza en la infancia o en la juventud y aparece siempre en sus actividades escolares y personales. Es muy común que la conducta la haya copiado del padre o la madre, que, paradójicamente, por ser pasivo-agresivo, los protege de otro pasivo-agresivo.

El estrés es el elemento más común que explota las crisis de los pasivo-agresivos. A partir del detonante del estrés, empieza la crítica, la generación de gestos faciales de desaprobación, la aparición de sarcasmo o el dejar de hablar con los demás (ley del hielo), todo lo cual los agota poco a poco emocionalmente. Estas conductas se asocian a pérdidas económicas en el trabajo, o al fracaso de tareas escolares, en las cuales no se cumplen los objetivos debido a las pausas excesivas y constantes quejas.

Nadie es malo en su propia película, mucho menos cuando agrede a la persona que más quiere. Cuando el violento agrede, moralmente se siente motivado a regular una relación, así lo aprendió, así lo justifica, necesita ayuda.

Es necesario entender que si nos enfrentamos a un pasivo-agresivo, es vital darnos la siguiente explicación: si alguien quiere tener razón, cuando se siente atacado, tergiversará los hechos de manera rápida, aprecia la verdad sin reclamarla, por lo general, las necesidades del momento pueden empañar la capacidad de juicio y el contenido de nuestros pensamientos, la confusión emocional (estrés, miedo o vergüenza) nunca beneficia al pensamiento. Nunca habrá de responder con la misma emoción si lo que se quiere es encontrar una respuesta inteligente.

LECCIÓN 37

El maravilloso cerebro humano

Creemos conocer siempre los motivos de nuestras acciones. En realidad, el cerebro inventa justificaciones acordes para explicar conductas.

El 50% del ADN tiene información genética sobre la formación y la actividad de nuestro cerebro, y si bien este solo representa el 2% del peso corporal, consume el 20% del oxígeno y necesita un litro de sangre por minuto para funcionar. El otro 50% de los genes tiene información del 98% del cuerpo.

El cerebro humano tiene una evolución de 2,5 millones de años. Es 60% grasa, pero es muy sensible a la deshidratación. El cerebro femenino tiene distinta organización y mejor conexión que el masculino, pero la menopausia afecta al cerebro fuertemente.

El cerebro tiene varios periodos de remodelación, nunca termina de conectarse. Siempre está activo. Tiene en promedio 86 000 millones de neuronas. Cuando se es adulto pueden conectarse entre ellas para formar hasta un cuatrillón de sinapsis. Después de los 40 años pierde muchas neuronas al día.

De las 16 horas de media que estamos despiertos, el cerebro humano es capaz de generar 48 pensamientos por minuto y llegar a solventar 2160 decisiones en un día de actividades. Genera 26 billones de impulsos por segundo; por lo que analiza entre 10 y 10,5 millones de datos por segundo. Su temperatura normal es de 38,5 °C, aunque puede llegar a 40 °C sin generar cambios irreversibles.

En el vientre materno, una neurona puede dividirse a una velocidad de 250 000 neuronas por minuto y realizar 30 000 sinapsis por segundo.

Si nuestro cerebro fuera una cámara de vídeo, podría almacenar 3 millones de horas de película, lo que equivale a unos 300 años viendo la televisión sin parar (almacenaje promedio 2,5 petabits).

El cerebro humano al observar procesa más de 10 millones de bits por segundo.

Al tocar con la mano: encausa 1 millón de bits/segundo.
Al oler un aroma: procesa 100 mil bits/segundo.
Al saborear la comida: activa 100 bits/segundo.

La emoción del dolor se realiza en 280 milisegundos en la corteza cingular, después ingresa a la corteza frontal para hacerse consciente.

Sin conciencia no hay dolor: la anestesia general hace desaparecer la actividad inductora del dolor en el cerebro. El dolor se desensibiliza lentamente; en contraste, un beso puede ser menos intenso a partir del tercer beso que damos.

El cerebro humano puede hacer 38 000 billones de operaciones por segundo.

El hipocampo es el único sitio del cerebro donde sí puede realizarse división neuronal.

Procesa imágenes a una velocidad de 13 milisegundos.

Dormir menos de 6 horas lo envejece más rápido.

Reír y meditar generan una evocación más rápida de inducción al ritmo theta, relacionado con cambios electrofisiológicos para mejorar atención, memoria y mielinización.

El cerebro es un órgano privilegiado en el que viven nuestros recuerdos, emociones y expectativas; nuestros sueños y aprendizajes, capacidades cognitivas y aprendizajes; es un órgano maravillosamente adaptable, casi perfecto, y, aun así, se equivoca.

LECCIÓN 38

Sí es posible hacerse adicto al móvil

En el periodo de los 18 a los 25 años el cerebro humano tiene una gran capacidad de comunicación neuronal y es la etapa de mayor liberación de dopamina que tiene en toda su vida. La capacidad del cerebro a esta edad en relación con poner atención y aprendizaje son las máximas que también desarrolla en la vida, de tal manera que este lado positivo también lo predispone a las adicciones, las cuales tienen por comorbilidad la soledad y no tener restricción, carecer de comunicación y no aprender límites.

La gran mayoría de los seres humanos a esta edad tienen impulsividad, estados de ánimo contradictorios que pueden ser desde estar muy animados hasta estar inmensamente tristes en cuestión de minutos. Esta es la época en la que el ser humano busca una imagen de admiración social asociada con una tendencia a exagerar sus emociones. También es la edad en donde se puede generar la timidez y desarrollar su autoestima, en donde se puede aceptar la imagen o rechazarla. Es en esta edad en la que se buscan retroalimentaciones de manera inmediata, pero también se puede sentir insatisfecho con su vida o no tener un efecto consistente para que se estimule. Al mismo tiempo, se puede desarrollar la experiencia de vida en un mundo imaginario. Es en esta etapa donde aparece el móvil propio con conexión a todas las redes sociales y sus contenidos.

El teléfono móvil, ese aparato de tamaño entre 15 y 20 centímetros y un peso no mayor de 200 gramos, representa la ventana al mundo y al mismo tiempo a la adicción. Una repetición excesiva en su manipulación hace que el cerebro obtenga de manera inmediata respuestas, llamadas e interacciones. Consigue que el cerebro tenga una visibilidad sobre la emoción rápida que ofrece entonces la posibilidad de ser feliz por tiempos cortos. El teléfono móvil representa un medio de comunicación y diversión, un mecanismo para retener información y al mismo tiempo lograr de manera inmediata comunicaciones. Es un aparato que contribuye a la separación social, a estudiar menos, a leer con menos frecuencia, a distraerse con más contenidos poco habituales y además evitar el intercambio social.

El móvil se utiliza para jugar a videojuegos, escuchar música, ver vídeos, comunicarse con otras personas, pero incrementa el sedentarismo, fomenta la obesidad y el aislamiento. El abuso de su utilización sin criterios de tolerancia crea una dependencia que genera síndrome de abstinencia, ya que hay una necesidad creciente de utilizarlo y de sentirse satisfecho. Además, si no se logra tener el objetivo de su búsqueda lúdica, el comportamiento repercute en vidas rutinarias que pueden ser negativas y la sensación de vacío.

Las redes sociales logran generar mayor impulsividad. Los jóvenes con sus móviles suelen escaparse de la vida real y tener amigos a los que nunca han visto y desarrollan una necesidad de los contenidos de internet. Facebook, X, Instagram o WhatsApp o todos en conjunto pueden llegar a aislarlos y alejarlos de la relación interpersonal con sus amigos y familiares, pero en espacial con sus padres. En el caso de los jóvenes que propensos a sufrir trastornos de la conducta, mentir sobre sus fracasos escolares o no cumplir con sus responsabilidades, esto, a la larga, hace que se aíslen más, que empiecen a tener gastos inapropiados para su edad, a fumar o a beber, comportamientos que no deberían llevar a cabo y que representan un reto social para ellos, aunque no sea totalmente el origen de lo que buscaban.

¿Qué es lo que sucede en un cerebro con estas condiciones? Los incrementos de dopamina, noradrenalina y endorfinas son motivadores y adictivos. El individuo descuida otras actividades importantes en su vida, como el contacto social y la comunicación con las personas. El hecho de pasar muchas horas manipulando el aparato electrónico le predispone a una irritación al cuestionarlo o criticarlo. Intenta constantemente conectarse y cuando no tiene éxito puede llegar a sentir frustración, ambivalencia y tristeza, la pérdida de la noción del tiempo y de las reglas sociales. Estos personajes suelen mentir con muchísima facilidad al mismo tiempo que se aíslan. También suelen tener cierto tipo de sensaciones de predisposición a consultar el móvil sin que haya sonado, lo cual se asocia con cambios en la privación del sueño y un mal descanso.

El teléfono móvil no debe sustituir a nadie, ni a nada. Es una herramienta, es un apoyo y no debería generar necesidad. Debe entenderse entonces que ha de existir un equilibrio entre el tiempo con el que se interactúa personalmente y con el que se utiliza para diversión, así como que es un aparato electrónico que es posible desactivar o apagar en el momento en que uno se vaya a dormir o en el que se necesite tiempo para comer. Es fundamental entender que el inteligente es quien lo utiliza y no el teléfono.

Es recomendable jerarquizar la comunicación interpersonal cara cara en lugar de comunicarse con mensajes escritos. El adicto al móvil debe hacer ejercicio. Debe leer libros; también premiar el hecho de controlar los tiempos. Es muy importante entender que un estudiante debe aprender sobre la interacción con sus maestros y compañeros y no justificar la utilidad de un móvil como fundamental para apoyar el conocimiento. Hoy es importante jerarquizar información. El tiempo utilizado por día para hacer una actividad lúdica es de una hora y media, una hora más de este tiempo empieza a generar problemas de falta de interés, atención y asilamiento. Por último, se debe disfrutar el contenido, no angustiarse por la necesidad de verlo, porque esto marca claramente la pérdida de la sensación de calma y aparece la ansiedad o el estrés. El teléfono y las redes sociales no deben amenazar o someter más allá de lo que cada persona se permite personalmente con alguien. El móvil no debe estar relacionado con la pérdida de la sensación de la privacidad.

LECCIÓN 39

La creatividad está relacionada con la excentricidad

Una persona excéntrica es alguien fuera de lo común, de lo establecido, de lo aceptado. Los comportamientos y pensamientos extravagantes están asociados con una creatividad muy grande que va de la mano de la genética y que activa cerebros semejantes con una neuroquímica que nos hace ser únicos en este mundo.

La extravagancia o la personalidad esquizotípica también es propia de una persona creativa, cuyo comportamiento, creencias, por momentos choca con lo establecido socialmente debido a sus propuestas inapropiadas y maneras tan poco habituales de pensar.

Los esquizotípicos son singulares, tienen la característica de desarrollar mecanismos cognitivos muy altos, pero con conflictos ante los frenos sociales, y suelen adelantarse a su tiempo o edad. Esto implica entonces que generan una atención cognitiva con un alto porcentaje de creatividad y originalidad, inteligencia y genialidad. No siguen los filtros sociales.

Análisis de sus cerebros han identificado en personas creativas una mayor actividad del sistema límbico con cambios en la funcionalidad del hipocampo y su relación con la amígdala cerebral. A nivel de los receptores de dopamina, se ha identificado que la densidad de los receptores de dopamina tipo 2, en regiones como el hipocampo, son menores respecto a los normotípicos. Este proceso semejante a la esquizofrenia indica claramente que la dopamina incrementa la funcionalidad creativa. El filtro social y cognitivo que establece la corteza prefrontal indica una mayor cantidad de información asociada con grandes concentraciones de dopamina: seres felices, arrebatados, sin límites, groseros, creativos. Los esquizotípicos rompen la manera habitual de convivencia. Son personas de alta competitividad y desinhibición cognitiva, son capaces de plantear cosas nuevas.

Las ideas originales están detrás de los pensamientos creativos, que están relacionados con distracciones abundantes, buen humor y buen dormir. Las ideas creativas no se dan por democracia cada vez que alguien opine algo distinto, existe un cerebro excéntrico.

Las ideas creativas aumentan al desconectarse de la realidad o de entornos sociales rígidos. Cuando una persona se encuentra ante un problema serio, si se quita las barreras sociales, suele tomar decisiones por encima de los límites, suele correr más riesgos.

La creatividad cambia puntos de vista, facilita aprender más cosas y deja fluir. Incrementa el pensamiento asertivo, cambia la perspectiva.

LECCIÓN 40

El cerebro evalúa sus pensamientos: metacognición

Tenemos la capacidad de evaluar y regular nuestros pensamientos. A esto lo llamamos metacognición. Constantemente valoramos una decisión importante que hemos tomado, ¿es acertada?, ¿tendrá resultados adecuados? o ¿me arrepentiré de ello? Los errores de cada uno de nuestros conceptos o decisiones son evaluados de manera constante por nuestra corteza prefrontal. Sin embargo, esto puede cambiar cuando estamos deprimidos o cuando aparece la demencia o la ansiedad, entonces, cambiamos esta evaluación o la sustituimos. Muchos factores están relacionados para favorecer mejores procesos metacognitivos; por ejemplo, comer adecuadamente, descansar, hacer pausas, reflexionar, meditar, la estimulación magnética transcraneal, el hecho de romper una rutina o sentirnos aceptados por un grupo social. Los seres humanos somos los únicos que sabemos de la trascendencia de nuestra vida, la finitud de la misma y que tenemos la capacidad de reflexión sobre los pensamientos de la historia y las proyecciones que hacemos en todo momento.

Sabemos dónde están las deficiencias de nuestros conocimientos, dónde se encuentran nuestras principales habilidades, conocemos nuestros talentos; saber estos elementos nos hace más fuertes, ya que identificamos dónde podemos cambiar, realizar un estudio para aprender sobre algo o reflexionar mejor. La metacognición o la evaluación de nuestros pensamientos nos hace entender cuándo estamos preparados para algunas cosas y cuándo haber tenido éxito no se debe más que a la casualidad. Podemos identificar cuándo nuestro ámbito laboral no es el adecuado, cuándo la experiencia no fue suficiente o entender cuándo tenemos que seguir preparándonos más.

La mente cognitiva que se autoevalúa está detrás del éxito académico. A lo largo de la madurez, el cerebro activo se va haciendo cada vez más eficiente, pero también más fuerte y selectivo. Nuestros juicios pueden cambiar a lo largo de la vida y siempre antes de tomar las mejores decisiones han debido pasar por una adecuada autoevaluación. Nuestra metacognición va cambiando a lo largo de la vida, a veces es más fuerte y severa, y en ocasiones suele aceptar mejor los errores, pero siempre aprende.

La interacción entre el hipocampo y la corteza frontal es fundamental para los procesos de metacognición. En especial, el lóbulo frontal derecho es el que más se utiliza para hacer los procesos metacognitivos. Las personas que desarrollan más metacognición tienen un incremento en la sustancia gris de esta corteza, y esto habla de una mayor intercomunicación neuronal.

Si hay demencia, empezamos a tener cambios en la activación prefrontal y la interacción del hipocampo. En ese momento, la metacognición empieza a perderse, por lo que aparece la anosognosia, la cual indica que una persona ignora o es inconsciente del problema que tiene, es decir, no se da cuenta de que las cosas están empeorando.

Esto es lo que explica que una persona se niegue a aceptar ayuda, olvide cosas importantes en su vida o surjan alteraciones como isquemias, infartos cerebrales o una incipiente esquizofrenia; esto indica que los procesos metacognitivos no son los adecuados. La familia sufre por la atención de la persona con anosognosia, ya que el único que no se da cuenta que las cosas están cambiando es el enfermo.

La clozapina y el metilfenidato incrementan farmacológicamente el proceso de la metacognición. El *mindfulness* y la estimulación magnética transcraneal también ayudan a este proceso de autoevaluación: la meditación genera un incremento en los procesos de mielinización prefrontal inducidos por el ritmo theta que activa a los astrocitos, y la estimulación magnética favorece las condiciones metabólicas y neuroquímicas para la liberación de dopamina y noradrenalina. Pero, para incrementar la metacognición de manera inmediata, también puede realizarse una estrategia muy simple: dejar de hacer lo que nos está cansando, romper la rutina y descansar, ya que el cansancio disminuye la evaluación adecuada de lo que hacemos.

LECCIÓN 41

Enseñar a nuestras neuronas a cerrar ciclos

No, no pude amarte más, pero al recordarlo, reconozco que pude haberte amado mejor. Ojalá mi hipocampo y la nostalgia otorgue hoy un beso a tu memoria. ¿Por qué es tan difícil romper una relación romántica duradera? Perder a alguien amado es como sufrir de síndrome de abstinencia: disminuye la dopamina, la oxitocina, la vasopresina y la endorfina de forma abrupta.

Cerrar un ciclo es entender lo irremediable e irreversible del acto de perder a la pareja, la salud, un negocio, un familiar, una parte de la vida. Se acompaña de dolor, interpretaciones y aprendizajes. Esto capacita al cerebro para entender y contrastar lo que se tiene y la magnitud de lo que se pierde. La actividad neuronal es increíblemente más rápida para juzgar a los demás que para juzgarse a uno mismo. Ante el evidente fin de un ciclo desarrollamos estrategias que aumentan la autoestima y proporcionan a nuestra vida un sentido individual. Las personas que no reprimen los pensamientos sobre la muerte o las pérdidas dolorosas dicen más fácilmente adiós.

Todos entendemos el significado biológico de romper una relación o un ciclo: desesperación, enfado y miedo, en paralelo desde el punto de vista biológico (de protección de la especie), romper tiene más sentido, buscar sin dilación un sustituto que no necesariamente se encuentra o existe.

Perder de manera intempestiva y caótica pone en jaque al cerebro. Romper sin meditarlo o analizarlo antes genera más dolor, por lo que el desapego puede durar mucho más tiempo.

¿Qué podemos hacer?

- Entender por qué y, con mayor énfasis, para qué. El cerebro quiere una explicación, un razonamiento. Debemos analizar ante esta situación qué se puede sacar de aprendizaje. Lo inevitable puede generar nuevos proyectos.
- Idealizar el pasado tiene un costo muy alto para adaptarse a lo nuevo; es importante no idealizar. La frustración debe cortarse, y adaptar el enfado. Es necesario editar el recuerdo y el dolor tantas veces como sea necesario. Aquí se encuentran los anclajes al dolor, los vacíos llenos de oxitocina, serotonina y vasopresina.
- Dar tiempo sin regresar, sin aferrarse. Los cambios neuroquímicos van a tardar, pero son eficientes si se manejan con madurez. Comprender, escuchar, cambiar.
- Reflexionar, no cometer los mismos errores.
- Evitar la crítica constante y autodestructiva.
- No generar elementos para mantenerse a la defensiva, el perdón funciona, tanto con el agresor por su conducta como con nosotros por permitirlo.

- No demostrar desprecio: eso nos vincula aún más con el acto que se busca cerrar.
- No negarse a la comunicación: hablar, aceptar y aprender es necesario.

La oxitocina genera vínculos sociales, es lo que nos hace amar, tener apegos. Pero, cuanta más oxitocina, más agresivo hará el cerebro la sensación de romper esos lazos, y más capaz de violentar la amenaza. Solemos herir más a quienes más nos aman. Es muy importante trabajar el aprendizaje y los procesos psicológicos en terapia.

Después de la ruptura, el trabajo profesional, los cambios neuronales y las modificaciones neuroquímicas hacen que el cerebro se dé cuenta de:

Era innecesario tanto enfado, dolor y confusión.
No debió haber prisa en la decisión.
No se repite lo que no funciona.
No se aferra uno a quien no lo quiere.

Las neuronas aprendieron y, al hacerlo, establecieron más sinapsis, generaron más contactos con otras neuronas y favorecieron la madurez.

Como ironía o contradicción neuronal, está el hecho de que busquemos, al sentirnos tristes, recordar momentos felices; es algo propio de nuestro cerebro humano, lleno de contradicciones y hermosas imperfecciones.

En un adecuado estado de salud mental, nadie puede amar más de lo que el otro se lo permite; romper, descifrar y cerrar con el tiempo es un aprendizaje que necesitamos todos.

LECCIÓN 42

El eje cerebro-intestino-microbioma es importante en el peso corporal

La microbiota intestinal y la dieta desempeñan un papel importante en el desarrollo y los síntomas de diferentes trastornos (TDAH, autismo, párkinson y alzhéimer).

Si bien la etiología de muchos trastornos es multifactorial, hoy toma gran relevancia el papel de las bacterias que se encuentran en el intestino. La microbiota se refiere específicamente a las bacterias que comprenden la flora intestinal del intestino grueso, la cual tiene 150 veces más genes que el genoma humano. Esta tiene beneficios importantes en la salud del huésped desde la actividad inmunológica, como la producción de nutrientes esenciales para el organismo y en especial para el cerebro. Además, es una protección en contra de agentes patógenos. El intestino tiene prácticamente 10^{14} bacterias anaerobias que viven y colonizan el colon desde el nacimiento, por lo que, el nacimiento por cesárea desfavorece la funcionalidad del intestino y su relación con el cerebro. Un adecuado funcionamiento del microbioma intestinal depende del uso de antibióticos, la dieta, el estrés y la presencia de otros microorganismos que al desplazar a las bacterias modifican su densidad y generan una disbiosis.

El microbioma intestinal es esencial para subir de peso, pero también para bajarlo o reducirlo. En la medida que se aumenta de peso cambian muchos parámetros intestinales que comienzan desde el componente de las baterías del intestino. El cambio en la ingesta calórica depende del hipotálamo, la tiroides y la actividad física. Para los componentes de la microbiota es fundamental la elaboración de energía, vitaminas, actividad inmunológica y precursores de neurotransmisores.

Cuando se lleva a cabo una dieta con restricción calórica cuyo único objetivo es bajar de peso, la persona recibe los beneficios de sentirse mejor y en paralelo genera cambios en las bacterias intestinales por la dieta más adecuada, así como cambios en las regiones cerebrales del apetito y la adicción, ya que el eje cerebro-intestino-microbioma está estrechamente acoplado. Lo que sucede en el intestino afecta inmediatamente al cerebro e influye directamente en la fisiología de ambos órganos.

A través de estudios con metagenómica, en las muestras de heces fecales de individuos (de un promedio de 27 años) que bajan de peso en un mes de restricción calórica fuerte y otro de dieta con menor control calórico, asociado con mediciones sanguíneas e imágenes por resonancia magnética funcional para estudiar los cambios en la composición del microbioma intestinal, parámetros fisiológicos y la presencia en la sangre de metabolitos, se identificó que, después de bajar 7 kilos, los niveles de glucosa en ayunas fueron más bajos y estables, disminuyeron los niveles de colesterol (HDL y LDL), los valores de presión arterial se redujeron de forma significativa, el hígado mejoró considerablemente su morfología y se redujeron los niveles de enzimas de escape.

La actividad eléctrica y la activación de las regiones cerebrales implicadas en la regulación del apetito y la adicción disminuyen, lo que conlleva un descenso de la cantidad de comida necesaria para saciar el placer de comer; además, el microbioma intestinal, la abundancia de las bacterias *Parabacteroides distasonis*, *Faecalibacterium prausnitzii* y *Bacteroides uniformis* aumentó considerablemente. Estas bacterias están relacionadas con una adecuada motilidad intestinal y con la producción de metabolitos de gran importancia para la formación de ácidos grasos de cadena corta; en contraste, los niveles de *Escherichia coli* disminuyen significativamente a medida que se pierde peso por la restricción calórica.

Los cambios en el cerebro y el microbioma durante y después de la pérdida de peso están relacionados. Las personas que usan laxantes de forma habitual pueden tener un 50% más de riesgo de desarrollar demencia en relación con aquellas que no los usan. Tomar más de 2 tipos de laxantes incrementa la probabilidad al 90%.

El uso crónico de laxantes puede cambiar el microbioma del intestino, afectando la señalización nerviosa del intestino al cerebro, además de provocar un incremento en la producción de toxinas intestinales que pueden afectar al cerebro.

LECCIÓN 43

La musicoterapia

La música contribuye al desarrollo cerebral del bebé prematuro.

La música de flauta o arpa durante 8 minutos, 5 días a lo largo de 7 semanas induce armoniosamente la formación de redes neuronales implicadas en procesos de memoria, cognición, percepción, control emocional.

El heavy metal induce mayores cambios en la actividad cerebral frente a la música clásica o la dodecafónica, y su utilización como herramienta en el proceso de rehabilitación ya puede ser una realidad en pacientes sedados.

Más música es igual a menos libros de autoayuda, menos antidepresivos y ansiolíticos. La música incrementa de manera inmediata (en menos de 3 segundos) los niveles de dopamina, endorfina y serotonina en las regiones cerebrales relacionadas con la memoria, las emociones y los procesos cognitivos. Incrementa el flujo de sangre al cerebro y modifica ritmos neuronales; la actividad eléctrica del cerebro durante la música es de gran actividad y frecuencia (ritmo gamma); cantar incrementa la sensación de seguridad en uno mismo, estimula la autoconciencia y genera empatía hacia los demás.

La música modifica positivamente nuestro estado de ánimo, despierta emociones. No hay un área cerebral específica para la música, melodía o ritmos, pero es un excelente activador en varias áreas cerebrales y redes neuronales semejante a lo que genera la comida o el sexo; la música resulta placentera para el cerebro humano. La dopamina y las endorfinas se incrementan a la hora de poner atención, cambiar el estado de ánimo y motivar. Las neuronas del hipotálamo organizan una activación de tal magnitud que disminuye prácticamente el cortisol en los siguientes 40 minutos. El aprendizaje y la memoria se facilitan por parte del hipocampo, la amígdala cerebral reduce su actividad. Asimismo, también se incrementa la liberación de oxitocina y noradrenalina.

Sincronizar los pasos y movimientos a un ritmo musical ayuda para el tratamiento de un paciente con diagnóstico de párkinson, debido a que se recupera la marcha natural de una manera rápida y ayuda al tratamiento farmacológico de esta enfermedad. La música ayuda también a demorar los efectos cognitivos y funcionales del alzhéimer y contribuye a la rehabilitación de pacientes con infartos cerebrales. Los adultos mayores pueden caminar más rápido y dar pasos más largos si antes de iniciar la marcha escuchan música. Para que tenga reflejo en una terapia, el factor musical debe durar más de 8 semanas continuas durante 30 minutos.

La música puede disminuir el dolor, la ansiedad y mejorar las condiciones de adaptación al estrés. La respiración se hace más profunda. Se oxigenan más los tejidos. Se incrementa directamente la actividad del sistema inmunológico al aumentar la producción de inmunoglobulina A. La música no puede sustituir a ningún analgésico o antibiótico, pero es complementaria para recuperarse, pues eleva el ánimo. El cerebro humano es musicalmente sensible.

La sonata para dos pianos K448 de Wolfang Amadeus Mozart incrementa el proceso cognitivo de manera inmediata. Las sesiones de musicoterapia (40 minutos al día durante 2 meses) incrementan la conectividad en redes neuronales clave del cerebro para mejorar la memoria y la capacidad de comunicación social. La música nos puede hacer más felices que el dinero. La felicidad que otorga el poder adquisitivo y la sensación de control es aprendida, el dinero asocia y desensibiliza más rápido. La música activa una neuroquímica más poderosa.

Si bien la música no es una solución ni una medicina, ayuda al tratamiento y a la recuperación cuando tenemos un problema de salud.

La música es arte que activa, altera, cambia el estado de ánimo o llama la atención de las personas y puede provocar muchas emociones diferentes al mismo tiempo, entre ellas felicidad, ansiedad, tristeza, incluso éxtasis. ¿Qué tiene la música que provoca una reacción tan fuerte en cada uno de nosotros? La música involucra muchos sentidos, lo que a su vez puede producir una multiplicidad de respuestas y ayudar a crear conexiones neuronales más extensas, además de influir en el comportamiento a través de cambios estructurales y funcionales en el cerebro. Las intervenciones basadas en la música como herramienta terapéutica en rehabilitación son cada vez más comunes.

El impacto de la música en el cuerpo y cerebro humano es positivo, se conectan neuronas y estas permiten un incremento en la plasticidad, lo que facilita una disminución de algunos trastornos como la dislexia, la parálisis cerebral y el accidente cerebrovascular. Sin embrago, algunos tipos de música pueden inducir cambios negativos, al generar una mayor actividad neuronal y empeorar, por ejemplo, la epilepsia musicogénica y las alucinaciones.

LECCIÓN 44

El dolor no siempre es negativo

Desde pincharse con una aguja o pisar una piedra hasta pasar por una quemadura o una contractura muscular, el dolor es una de las sensaciones que hace cambiar la conducta humana, lo rehuimos y nos llama la atención. El cerebro, al evitarse dolor, disminuye la probabilidad de daño de los tejidos y genera aprendizaje.

Por un lado, se entiende que el dolor es el resultado de la activación, en serie y en paralelo, de neuronas que transmiten el pulso sensorial doloroso desde una zona concreta hacia el cerebro. Además, el dolor es el resultado de la aparición de patrones de actividad neuronal de impulsos nerviosos entre las neuronas y sistemas sensoriales inespecíficos.

Un proceso doloroso se origina porque tenemos receptores en nuestro cuerpo que, al activarse, marcan y envían la sensación de dolor al cerebro, la cual sube por la médula espinal. Además del dolor clásico, al que llamamos nociceptivo (nos pegamos y duele), podemos desarrollar otro tipo de dolor, el neuropático o anormal, que es crónico y sin un detonante real: un día sin más nos empezó a doler una pierna, por ejemplo. El dolor en fase uno es la consecuencia de una lesión breve y pequeña, el cual puede llegar a fase dos, donde la lesión es más intensa y duradera, generando lesiones tisulares en las que aparece la inflamación; hay una fase tres, en la cual se incluyen neuropatías periféricas o alteraciones en núcleos cerebrales, que se puede deber a módulos sobreactivados en la corteza cerebral, aunque la vía de recepción y llegada estén bien.

Cuando el dolor está en fase tres se debe hablar de alteraciones en nervios periféricos y una desregulación entre la lesión y el dolor. Esta fase puede indicar un proceso de enfermedad, dolores espontáneos o exagerados ante estímulos de baja intensidad. Cuando un dolor es producido por un estímulo que normalmente no causa molestias, se le llama alodinia; en contraste, la hiperalgesia es una hipersensibilidad a un dolor por estimulación continua. Podemos tener hipersensibilidad ante una quemadura o un fuerte golpe, pero la alodinia se refiere específicamente a un cambio en la función de los receptores y las vías nerviosas.

El dolor viaja al cerebro por fibras no mielinizadas, es decir, a una baja velocidad comparada con otras sensaciones. La velocidad es de unos 0,5 metros/segundo de media, de esta manera el cerebro integra la sensación dolorosa a una baja velocidad, lo cual describe que no puede desensibilizarla de manera rápida: el dolor es lento y no se quita tan fácil. El dolor crónico favorece la depresión y el daño cognitivo (reduce memoria en especial), y esto va asociado principalmente a los valores altos de cortisol.

El dolor genera plasticidad neuronal, puede sensibilizar al cerebro para percibir estímulos que antes no eran dolorosos. La atención contribuye directamente en el proceso de percepción del dolor, poner atención en la zona de golpe o quemadura nos puede hacer sentir más dolor, por lo que el proceso cognitivo y de atención contribuyen a tener más dolor. Sin embargo, una excitación psicológica fuerte, miedo, agresión o estrés, desensibiliza la percepción de grandes lesiones traumáticas, en ese momento el dolor no aparece.

Los mecanismos de estos procesos dolorosos se llevan a cabo en la médula espinal y, por supuesto, también a nivel cerebral. Durante el proceso doloroso se origina una liberación masiva de endorfinas, noradrenalina y serotonina. Cambia la percepción, de tal manera que esto puede bloquear el viaje de la vía dolorosa. Este también es uno de los mecanismos que explican por qué después de un gran dolor puede surgir una sensación placentera y relajante; además de que el dolor más intenso inhibe a otro dolor que es pequeño. De esta manera el dolor es un sistema difuso y por momentos no organizado, que cambia la neuroquímica del cerebro y ayuda a que este preste atención y aprenda; además, le da placer y sensación agradable.

Recientemente en el campo de la neurociencia se informó que no todos los dolores son aversivos: algunos se provocan, porque después detonan mucho placer y esto puede generar adicción.

¿Cuáles son los dolores que excitan, seducen, agradan y el cerebro celebra tenerlos?

- En la actividad sexual: el dolor es estimulante e incrementa el deseo sexual.
- Al decir groserías: disminuye el dolor moral, una mala palabra libera endorfinas.
- Al competir: la sensación para no perder incrementa fuerza y motivación.
- En la religión: el dolor cuando se dedica a una imagen, a una idea o un pensamiento es altamente estimulante.

- Cuando se ríe intensamente: el dolor puede ser asociado al placer de una manera rápida.
- Que el dolor sea largo, intenso, aversivo y nos haga llorar por momentos y en contraste la felicidad sea corta indica que el cerebro aprende más rápido de las lágrimas que de las sonrisas. Activamos más redes neuronales ante lo negativo o lo adverso.

LECCIÓN 45

Ejercicio para el cuerpo, beneficio para el cerebro

El ejercicio físico ayuda a conseguir buena memoria, capacidad de aprendizaje y mejor sueño.

Practicar ejercicio 30 minutos al día conlleva enormes beneficios para la salud, genera una actitud positiva ante la vida, incrementa la sensación de felicidad, favorece el equilibrio emocional, mitiga la ansiedad, reduce el estrés y produce mejores hábitos cotidianos. El ejercicio físico beneficia a la mente y al cuerpo, impulsa el incremento de glutamato, acetilcolina, noradrenalina, dopamina y endorfinas en el cerebro, lo que, asociado a la reducción de cortisol, permite una reorganización neuronal.

El ejercicio aumenta la densidad de la sustancia gris, es decir, la conectividad de las neuronas en la corteza cerebral. Reduce el riesgo de sufrir dolores crónicos, asimismo disminuye la probabilidad de padecer diabetes, enfermedades cardiovasculares, mejora la condición entre la depresión y la ansiedad y contribuye a tener un peso saludable.

El ejercicio frena los deterioros cognitivos. Después de 4

semanas de actividad física constante, prácticamente todas las áreas del cerebro incrementan su conectividad y función. Hay una relación muy importante: cuanto más intenso es el ejercicio, mayor es el volumen en el grosor de la corteza cerebral. Este proceso es independiente de la edad a la que hagamos ejercicio, si bien después de los 70 años disminuye la intensidad de los cambios de interacción neuronal. Al realizar ejercicio se produce la proteína FNDC5, la cual a su vez incrementa los niveles de la proteína irisina, que en el cerebro promueve la producción de BDNF (factor neurotrófico derivado del cerebro), el cual es el principal inductor de conexiones neuronales y neurogénesis en el hipocampo.

Uno de los orgánulos intracelulares que se duplican durante el proceso del ejercicio es la mitocondria, estructura celular que genera energía y neurotransmisores. Tener más y mejores mitocondrias asegura al cerebro un mejor consumo de glucosa y oxígeno, se obtiene energía y se garantiza la adecuada actividad neuronal y sináptica. Este simple evento —pero fundamental— incrementa la recuperación funcional neuronal en el párkinson o en la enfermedad de Huntington.

Aunque no podemos extrapolar a todos los pacientes los beneficios que el ejercicio produce en el cerebro, sí podemos recomendarlo en especial para las personas con probabilidades de padecer alzhéimer o con antecedentes de infartos cerebrales o isquemias cerebrales transitorias.

Nunca es tarde para hacer ejercicio: realizar 30 minutos de caminata 4 días a la semana durante 3 meses disminuye el deterioro cognitivo. La práctica repetida del ejercicio ayuda a que se generen nuevas neuronas en el hipocampo. El deporte es el mejor tratamiento antiedad para el cerebro, pues disminuye el proceso de envejecimiento.

Un factor que cambia inmediatamente el mal humor es hacer ejercicio aeróbico, lo que modifica el metabolismo cerebral.

LECCIÓN 46

El cerebro en un día promedio

Abrir los ojos al despertar activa el hipotálamo y el sistema reticular ascendente y se libera histamina. El cortisol ya previamente estimuló a la gluconeogénesis (30 minutos antes de despertar se incrementó en la sangre), por lo que los niveles de glucosa plasmáticos se elevaron también y así el cerebro se activa con integración de la actividad del corazón (perfusión), con el hígado (metabolismo) y los riñones (control de líquidos). El hipotálamo inicia funciones para tomar control del horario, el hambre y las ganas de ir al baño; disminuyen los niveles cerebrales de la anandamida y la melatonina, sustancia relacionada con la relajación.

Una vez despiertos es más fácil salir de la cama con un poco de liberación de dopamina si todo está bien, pero si se inicia con una preocupación o si se hace tarde, la noradrenalina provoca la tensión en el cuerpo.

La luz solar es importante para activar nuestro sistema cardiovascular, endocrino y neuronal: encender la luz o abrir las cortinas de la ventana es más efectivo que cualquier alarma-despertador. Cuando los rayos del sol se hacen más intensos, el nivel de serotonina en el cerebro se incrementa: la luz solar equilibra las hormonas que intervienen en el estado de ánimo, disminuyendo el nivel de sueño y generando actividad gradual de memoria y atención. El intestino comienza a moverse.

¿Y si no me puedo levantar?
3 consejos básicos:

- Inicia con música de bits rápidos, la dopamina cambia la actividad cerebral de forma inmediata.
- Cambia la temperatura: abrir la ventana, echarse agua a los ojos o lavarse la cara son factores de activación neuronal inmediata.
- La dopamina y noradrenalina activan, motivan y despiertan. Por eso, busca reír desde el inicio del día, la neuroquímica positiva nos incorpora al día más rápido. Cuéntate una historia rápida con final feliz, pon un objetivo por cumplir que ayude a la autoestima.

No siempre amaneces con hambre, pero después de 40 minutos de haber dejado la cama se abre el apetito, porque tus niveles de glucosa están aún por debajo de niveles óptimos. Se libera glucagón por parte del páncreas para compensar esto, el hipotálamo inicia el reflejo del hambre y los ganglios basales te hacen pensar constantemente en comer algo. Han pasado más de ocho horas desde la cena, es decir, tu última ingesta de alimentos. Es mejor afrontar el día con un café y una carga de glucosa. El cerebro consume el 20% de la glucosa de nuestro cuerpo, es un órgano privilegiado, así que de esta glucosa depende la síntesis de los principales neurotransmisores de la corteza cerebral, la liberación de hormonas y la activación de genes neuronales.

Por esta razón, no desayunar puede tener efectos negativos en la actividad cerebral de todo el día, y aunque es posible rendir físicamente, el cansancio se aprecia si el cerebro no recibe alimento.

Ir al baño y ducharse es un proceso que activa la circulación sanguínea, incrementa la frecuencia respiratoria, cambia la temperatura y es el activador más importante de la corteza cerebral desde que despertamos. El cerebro sincroniza actividad eléctrica de atención (ritmo beta) y proyecciones de toma de decisiones de la corteza prefrontal. Estar debajo de la ducha es un hecho que nos permite pensar en lo más importante que en ese momento cruza por nuestro cerebro, ya que la corteza cerebral y los ganglios basales se activan sincronizando de tal manera que los pensamientos o análisis de problemas pueden tener soluciones mediatas, entender detalles de un problema o repasar lo que vamos a hacer en las próximas horas. Este cambio de temperatura actúa sobre la tiroides, con lo que el metabolismo también se activa.

El desayuno es la base del día. El primer alimento nos debe generar felicidad: el intestino y el cerebro empiezan a comunicarse, lo que puede ayudar para hacernos sentir mejor, así que es fundamental tomarse un tiempo para desayunar. Se incrementa la liberación de dopamina y endorfinas. El estómago y el intestino liberan grelina, gastrina y gefirina; el tejido adiposo libera leptina, hormonas que viajan por la sangre y llegan al cerebro e informan que las paredes del estómago se han distendido, y esto proporciona sensación de placer al hipotálamo, el cual, gradualmente informa del grado de satisfacción y saciedad para evitar seguir comiendo. El área tegmental ventral, un área del cerebro relacionada con las sensaciones de felicidad, se activa. El intestino produce péptido intestinal vasoactivo, hormona que tranquiliza al cerebro al mismo tiempo que traduce cambios vasculares intestinales e incremento de movimiento en las estructuras abdominales. En otras palabras, vamos al baño a evacuar con una mezcla de satisfacción y plenitud.

Si antes de salir de casa te das tiempo de abrazar a alguien que quieres y sonríes lo más que puedas, tu cerebro va a liberar serotonina, dopamina, endorfina y oxitocina, hormonas relacionadas con amor, buen ánimo y felicidad.

Date la oportunidad de tener el privilegio de jerarquizar soluciones

Recuerda que el 75% de las cosas que te van a suceder son exégesis y paráfrasis que las neuronas hacen: sonrisas, problemas, charlas, reuniones, son interpretaciones del giro del cíngulo y del sistema límbico, áreas del cerebro que interpretan emociones de acuerdo con cómo nos está yendo el día. Te darás cuenta después de que no vale la pena llorar, enfadarte tanto y discutir, si el problema se analiza sin tanta emoción. Un cerebro maduro, con adecuada corteza prefrontal, sabe escoger sus batallas.

Si estás en el andén del metro y pasan uno, dos, tres vagones abarrotados, donde vuelan las bolsas y se reparten empujones; o estás parado en el tráfico sin moverte un centímetro, lo más probable es que te empieces a desesperar y tus niveles de noradrenalina se eleven, pues tu sistema límbico se activa. Las pupilas se dilatan, los músculos se ponen tensos, la respiración se hace profunda, es fácil caer en provocaciones. Cuando por fin llegas a la oficina, al trabajo o la escuela, te tienes que limpiar el sudor: claro, en este proceso tu temperatura aumenta y los niveles de hormona tiroidea te hacen sentir un calor incómodo. Tu corazón ha latido un 30% más, tu respiración ha permitido una mejor oxigenación y, sobre todo, tu cerebro está activo para lo mejor del día. Es importante identificar que las redes neuronales y todos los núcleos cerebrales se activan para poner más atención entre las 9 y las 13 horas. Si es posible cambiar el seminario, la conferencia o la clase más importante del día, el horario debe ser entre las 9 y la 1 de la tarde.

Si llevas más de seis horas sin comer, el hipotálamo y el intestino nos lo hacen saber. Entre incomodidad, enfado o tensión, el hambre se esconde. Así se empieza a transformar en frases cortas, atención breve y necesidad de comer algo. Las orexinas y el glucagón (hormonas del hambre) se elevan poco a poco. La hormona tiroidea sigue activando a tu cerebro, a tu metabolismo y a tu corazón. El hipotálamo indica que tiene sed, pide agua, y al beberla libera hormona antidiurética, no pasarán más de 30 minutos para ir al baño a eliminar el exceso de agua que los riñones han detectado que no necesitas. Efectivamente, hasta para orinar el cerebro integra la información de horarios, cantidad y necesidad. El hambre es una metáfora de bola de nieve en una pendiente con gran inclinación, cada vez es más, con velocidad y tensión constante.

Puede ser también que tu hambre insaciable se deba a que existe una mayor actividad cortical, por eso piensas más rápido, con el objetivo de comer algo. Y cuanto más hambre tienes, menos atención pones. Se puede generar ansiedad en relación con los niveles de glucosa; si por alguna razón los niveles de glucosa disminuyen mucho, nos obsesionamos, la temperatura baja y el nerviosismo nos colapsa. Comer te hace bien. Se libera la hormona calcitonina, que ayuda a guardar el calcio que ingerimos en los huesos, y más si tomas una buena fuente de calcio, como leche, quesos, brócoli o espinacas. Después de comer liberamos insulina, para que la glucosa pueda llegar adecuadamente a músculos y al hígado. Comer nos tranquiliza, obtenemos energía y minerales. Cambiamos el metabolismo para seguir trabajando y ejercitarnos como es debido.

Recuerda:
Es necesario comer proteínas. 1 gramo de proteína por cada kilo que pesas, saca cuentas.

Come feliz. No se debe comer aburrido, ya que lo segundo te hace comer de más. Siéntate para comer, disminuye más el cortisol y la comida será más sabrosa.

Un café ayuda a activar al cerebro, 2 tazas de café al día disminuyen la probabilidad de alzhéimer, pero ten cuidado con la gastritis.

Comer con amigos o en familia ayuda a mejorar los estados de ánimo, no te alejes de tu entorno social, dale a tu día un poco de oxitocina. Ten en consideración que comer acompañado también te hace comer un 30% más.

Nuestra atención suele durar entre 20 y 30 minutos; si te esfuerzas más, solo vas a aburrirte. Si quieres andar despejado, la clave es reírse, romper los ciclos y moverse, dar unos pasos y estirarse para que el aburrimiento sea menor. Si la dopamina disminuye, necesita incrementarse en tu cerebro. Si puedes, habla con alguien, comunícate; al generar empatía, el estrés se adapta más rápido, pues esto es lo que pasa cuando nos sentimos parte de un grupo. Otro consejo para no ser el elemento incómodo en la mesa de trabajo: es mejor ser solidarios y llevarse bien con los compañeros, pues esto hace las cosas mucho más llevaderas, de otra forma lo pasarás muy mal, la ansiedad por la tarde es más intensa y menos dúctil y adaptable. En esta hora del día la red neuronal por defecto se activa, el cerebro humano suele aburrirse más, pero puede ser más creativo.

Cenar pesado no es sinónimo de una buena noche, cenar alimentos muy condimentados, o lácteos en exceso, no permite descansar al intestino y al cerebro, forzar la digestión disminuye la capacidad del descanso. Por otra parte, la estimulación luminosa opera en contra del descanso: la televisión, el ordenador o el teléfono en la cama retrasan la liberación de melatonina, el cerebro no va a descansar ante una gran estimulación luminosa. Es necesario dejar de utilizar los estimulantes luminosos unos 30 minutos antes de dormir. Cuando apagas la luz, el cansancio empieza a invadirte, el ritmo beta cerebral pasa a ritmo alfa y gradualmente a ritmo theta, porque la anandamida se libera y se reduce la liberación de histamina.

Por las noches

- Evita hacer ejercicio al menos una hora antes de ir a la cama. De otra forma, aunque estés cansado cuesta trabajo dormir.
- Los lácteos se digieren mal por la noche. Para un adulto la leche puede cambiar la digestión, no tenemos todas las enzimas que se necesitan para digerir lácteos. Tomar leche sin lactosa es una buena opción.

- Es necesario ir a la cama cansado, con ganas de dormir, no por cumplir un horario o necesidad, lo cual puede retrasar el conciliar el sueño.

Tener un televisor encendido frente a la cama, ver la tableta acostado o el móvil antes de dormir quita entre 30 a 45 minutos de sueño reparador, si esto lo realizamos durante más de 15 días puede generar disminución de serotonina y predisponer a estados de depresión. Debemos descansar y evitar los malos hábitos antes de dormir.

Si todo está en orden, si no hay estrés o ansiedad, la anandamida irá ganando terreno: los músculos del cuerpo se relajan y la temperatura disminuye. Taparse con una manta ayuda a dormirse más rápido. El ritmo eléctrico del cerebro pasa rápidamente del beta al alfa y de ahí al theta y al delta.

De madrugada ¿mi cerebro duerme?

Durante la noche estás listo para liberar hormona de crecimiento al dormir; esta hormona, que hace crecer a los niños, en los adultos ayuda a reparar tejidos, lesiones o generar una mejor piel. El sueño más reparador, el que contiene más ensoñaciones, es el que se presenta entre las 0 y las 3 de la mañana; aquí las neuronas permiten soñar, tener memoria y descansar. Es en este horario de 3 horas cuando nuestro cerebro se repara mejor, consolida el aprendizaje, revierte el estrés y recupera neuronas en el hipocampo. La melatonina se incrementa, limpia de radicales libres a las neuronas, evitando su desgaste, y favorece su arborización, una mejor comunicación entre neuronas. El mejor mantenimiento de nuestro cerebro es en estas horas de la noche-madrugada, cuando el cerebro aun funcionando, ya que está soñando, sigue formando redes neuronales y nos prepara para el día siguiente.

Dan las 6 de la mañana, el despertador vuelve a sonar, y comienzas a liberar nuevamente cortisol; inicia un nuevo ciclo…

LECCIÓN 47

Salud mental y vitamina D

Cuanta más vitamina D, mayor memoria y aprendizaje.

La vitamina D es el nombre del colecalciferol (vitamina D3) y el ergocalciferol (vitamina D2), hormonas con un papel importante en la regulación del metabolismo del calcio que comemos y los fosfatos. La producción de vitamina D3 se inicia en la piel por la radiación ultravioleta de la luz solar, luego se transporta en la sangre para la creación de la forma hormonal activa: calcitriol (1,25-dihidroxivitamina D), por hidroxilación en el hígado y riñón, y termina la acción en el intestino para regular la absorción de calcio en el tubo digestivo. Esta vitamina es liposoluble, necesaria para la regulación adecuada de muchos de los sistemas del cuerpo, así como para el crecimiento y desarrollo humano normal.

La deficiencia de vitamina D afecta aproximadamente a entre el 30% y el 50% de la población mundial y, por lo tanto, se la considera una pandemia silenciosa. Un nivel bajo de vitamina D supone un riesgo, en particular de cáncer de colon, próstata, mama y leucopenia. Además, representa un factor importante en la osteopenia y la osteoporosis relacionadas con la menopausia en la mujer.

Al margen de su papel en la homeostasis del hueso y calcio, la vitamina D ha sido recientemente implicada en el funcionamiento del cerebro. Esta vitamina tiene acciones neurotróficas y neuroprotectoras. Durante las últimas dos décadas, estudios epidemiológicos y de investigación han demostrado la implicación de la vitamina D en acciones e influencias neurotróficas y neuroprotectoras sobre la neurotransmisión y la plasticidad sináptica, desempeñando un papel importante en varias enfermedades neurológicas.

La microglía, que representa del 5 al 20% del total de células gliales presentes en el cerebro adulto, participa en varias funciones: en el mantenimiento del entorno neuronal, respuesta a lesiones, reparación, vigilancia inmunitaria, secreción de citoquinas, regulación de la fagocitosis, poda sináptica y en esculpir circuitos neuronales posnatales. La microglía contribuye a algunos trastornos del desarrollo neurológico, como la enfermedad de Nasu-Hakola, el síndrome de Tourette, el trastorno del espectro autista y la esquizofrenia; a bajos niveles de vitamina D, la microglía no funciona adecuadamente. La ausencia de vitamina D se relaciona con la participación de la microglía en la génesis de autismo, esquizofrenia, depresión, esclerosis múltiple y defectos del desarrollo, así como enfermedades neurodegenerativas como el alzhéimer y párkinson.

La vitamina D en el sistema nervioso central es mediadora de la proliferación de células neuronales, la neurotransmisión, el estrés oxidativo y la función inmune. Por lo tanto, su deficiencia durante el embarazo y la primera infancia puede tener un impacto significativo en el cerebro en desarrollo, lo que puede provocar resultados neuropsicológicos adversos.

La deficiencia de vitamina D se asocia con un mayor riesgo de demencia y accidente cerebrovascular. Los niveles bajos de vitamina D pueden evidenciarse en estudios de neuroimagen, identificando el riesgo de demencia y accidente cerebrovascular, en especial los relacionados con isquemia.

Es fundamental determinar cómo se encuentran nuestros niveles de vitamina D, necesitamos en promedio 800 UI/día, y poner atención en la dieta con la ingesta de huevo, pescados como el atún y el salmón, o lácteos enriquecidos con dicha vitamina.

LECCIÓN 48

Perdonar: una acción de nuestras neuronas

Perdonar es un acto que tiene un sentido evolutivo, psicológico, social y biológico.

Perdonar con el cerebro es mitigar los sentimientos de culpa, vergüenza y tristeza, pero ha de entenderse que la gran mayoría de las personas no piden perdón por miedo a no ser escuchadas. El 70% de las personas piensan que pedir perdón es una experiencia humillante.

El perdón tiene una reciprocidad biológica y social, ya que las personas de mayor edad perdonan con más facilidad que los jóvenes, debido a que la empatía también proviene de la madurez cortical del cerebro. Las personas que perdonan o muestran indulgencia tienen una mejor salud física y mental, y estas conductas se han asociado con niveles de vasopresina y oxitocina, lo que indica que ser indolentes les genera menos tensión emocional.

El perdón puede lograrse con mayor facilidad cuando se tiene apego por la persona; si se tiene una relación consanguínea o existe conocimiento de la persona asociada con apego, es más fácil lograr el perdón si hay comunicación y elementos de arrepentimiento.

Cuando el cerebro va a perdonar, valora la situación, el lenguaje corporal, la prosodia, la descripción de los hechos, pero el ofendido siempre tiene más elementos para interpretar y argumentos para solicitar el reconocimiento de culpa o la descripción de los hechos. El perdón llega si en ambos se reconoce arrepentimiento, pero perdonar no es olvidar, y muestra de ello es que en el 90% de los actos que nos han ofendido —aun cuando se hayan perdonado o disculpado— en nuestro hipocampo y corteza prefrontal quedan los detalles de la ofensa persistentes, si bien interpretados de diferente forma y con otra carga de emociones de la amígdala cerebral.

Paradójicamente, las personas lábiles y sensibles son las que están menos predispuestas a perdonar. Podría parecer que al cerebro hipersensible le cuesta más trabajo llegar a una solución a través del perdón. Las personas que no perdonan suelen sufrir más depresión y generan más estrés. A nivel laboral se ha identificado que una persona que perdona se siente más satisfecha en sus relaciones interpersonales, más identificada con la empresa, rinde más en su trabajo y es más solidaria.

A nivel cerebral son cinco las regiones neuronales más importantes para desarrollar el perdón: 1) corteza prefrontal dorsolateral, la cual proyecta y funciona como un filtro social y proyectivo de las conductas; 2) el lóbulo parietal inferior asociado al hipocampo, el cual es fundamental para la reminiscencia de los hechos y la descripción biográfica del dolor moral o la ofensa; 3) giro del cíngulo, que interpreta emociones y la sinceridad de la prosodia; 4) amígdala cerebral, módulo de las emociones, que lleva el contenido de la voz y los recuerdos, y 5) lóbulos parietales superiores, los cuales activan músculos para el proceso de lenguaje corporal asociado al precúneo, zona de toma de decisiones.

Diversos estudios muestran que la muerte de una persona, el maltrato infantil y la violación son las tres causas que al cerebro humano le cuesta mucho trabajo perdonar. La cultura y la religión antevienen en la construcción del proceso del perdón. De esta manera las personas creyentes están dispuestas a perdonar con mayor facilidad.

LECCIÓN 49

Lo básico de la cronofarmacología

Si en la naturaleza todo es rítmico, ¿por qué no prestar atención y proponer la utilización de un modelo más acorde para otorgar medicamentos con una naturaleza rítmica y no estacionaria?

Un ritmo biológico es una variación temporal que ocurre regularmente en los procesos o funciones orgánicas de los seres vivos, con intervalos precisos entre sucesivas repeticiones.

El ser humano tiene ciclos de 24 horas (circadianos), de menos de 24 horas (ultradianos: sueño, comidas) y de más de 24 horas (infradianos: ciclo menstrual).

En el cerebro el hipotálamo regula varios relojes de diferentes tejidos, unos en relación con la luz (retina, núcleo supraquiasmático a la corteza cerebral o vía de luz o fótica) y otros con la vía no fótica (núcleo geniculado).

El hígado trabaja en un horario distinto de todos los órganos de nuestro cuerpo, de ahí que por la mañana puede tener proteínas y enzimas que por la tarde no tiene y viceversa; este es el motivo por el que los medicamentos no siempre tienen el mismo efecto y en ocasiones pueden generar más toxicidad dependiendo del horario en el que se administran y no de la dosis tomada. Por ejemplo: el grado de ebriedad que produce el alcohol es mayor cuando se toma a las 11.00 de la mañana. A nivel hepático se han demostrado variaciones circadianas significativas de los citocromos P450, 4A3 (CYP4A3) y de la enzima N-acetiltransferasa, que actúan en la fase I y II del metabolismo de algunos fármacos como digoxina, carbamazepina, teofilina, litio y ácido valproico.

Además, el sistema endocrino también trabaja por horarios, los cuales deben sincronizarse con el horario del corazón, el riñón y el cerebro.

Por la mañana se liberan las hormonas:

- Cortisol (aumento de glucosa y regulación inmunológica), liberado habitualmente entre las 5 y las 8 de la mañana.
- Las hormonas renina-angiotensina, que controlan presión y formación de orina, regulan el proceso de mejor forma a las 7 de la mañana.
- Las catecolaminas (adrenalina, noradrenalina, dopamina) se liberan con mayor intensidad de 5 a 7 de la mañana.
- La coagulabilidad de la sangre es mayor por la mañana, hasta antes de las 11 de la mañana.
- Luz, alimento, temperatura y contacto social incrementan la liberación de GABA, serotonina, acetilcolina y neurotensina, neuropéptido Y, así como somatostatina.
- La respuesta inmunitaria varía a lo largo del día, alcanzando los niveles máximos de linfocitos T-CD4+ o hel-

per a las 4 de la madrugada. Este hallazgo sugiere que, en determinadas ocasiones, los fármacos inmunosupresores deberían administrarse por la tarde-noche, para conseguir una inmunodepresión adecuada.

- En el ser humano, las concentraciones de proteínas plasmáticas alcanzan su punto más bajo durante el descanso nocturno y su acrofase por la mañana. Estos cambios son mayores en ancianos.
- Resultado: más infartos por la mañana (isquemia, arritmias, hipercoagulación), tanto cardiacos como cerebrales. Hipertensión.

Por la tarde-noche se liberan las hormonas:

- La hormona de crecimiento en sueño MOR (de 1 a 3 de la madrugada, mientras dormimos).
- La melatonina (hormona que regula el sueño y disminuye el efecto de los radicales libres) incrementa su liberación en el cerebro después de las 6 de la tarde.
- Liberación de gastrina y de ácido clorhídrico en el estómago.
- Se incrementa la reactividad bronquial por liberación de histamina.
- Resultado: gastritis y úlceras se agravan por la noche.
- Las crisis asmáticas y edema pulmonar son más complicados por la madrugada.

Recientemente se ha identificado que algunos medicamentos tienen mejores efectos en ciertos horarios, motivo que ha hecho surgir la cronofarmacología (cronos: tiempo).

A continuación se ofrece un pequeño ejemplo de los medicamentos que cumplen mejor su función si se administran con ciertos horarios:

¿Qué medicamentos deben administrarse antes de mediodía para un mejor efecto?

- Los esteroides (antiinflamatorios utilizados en enfermedades autoinmunes) tienen mayor efecto por las mañanas.
- La digoxina (medicamento para el manejo de la insuficiencia cardiaca) por la mañana tiene mejores efectos.
- Los antihipertensivos tienen mejores efectos si se administran por la mañana, debido a la expresión genética de los receptores b2 de adrenalina.
- Algunos AINES (por las siglas, antinflamatorios NO esteroideos) tienen efectos más adversos por la mañana.
- El ácido acetilsalicílico tiene como efecto secundario producir hipertensión por la mañana y ser hipotensor por la noche.
- Los diuréticos (medicamentos utilizados para orinar y disminuir la tensión arterial) tienen mejor eficacia por la mañana.
- La clomipramina presenta una mayor eficacia y una menor incidencia de efectos adversos cuando se administra a mediodía.
- La intensidad y duración de la acción anestésica de la lidocaína es máxima si se administra a las 3 de la madrugada.

¿Qué medicamentos deben ser administrados por la noche para un mejor efecto?

- La teofilina, un medicamento utilizado para el asma, combate mejor la bronquioconstricción por la noche.
- Los inhibidores de las síntesis de colesterol para reducir ateroesclerosis funcionan mejor administrados por la noche.

- El cisplatino (un antineoplásico) como tratamiento de cáncer ha mostrado que sus efectos secundarios son menores si se aplica por la noche o la madrugada.
- El verapamilo es el primer medicamento con manejo cronofarmacológico: tomarlo por la noche con liberación prolongada tiene mejores efectos antihipertensivos y cardiorreguladores.
- La heparina (un medicamento utilizado para disminuir la coagulación) tiene mejores efectos por la noche.
- Los medicamentos para la gastritis (omeprazol) funcionan mejor cuando se administran por la noche.
- Los antihistamínicos (antigripales) funcionan mejor por la tarde-noche, no obstante, los nasales funcionan mejor por la mañana.
- El haloperidol (medicamento utilizado para la psicosis) funciona mejor por la tarde-noche.
- El efecto de la morfina es máximo cuando se administra por la noche, y el del fentanilo, cuando se administra durante el día.
- Algunos antibióticos como los aminoglucósidos interfieren más en la memoria y el aprendizaje si se administran por la noche.

Estos ejemplos indican que, en un futuro mediato, deben cambiarse los horarios de administración de algunos medicamentos, dado que, en función de la hora de toma, pueden variar sus efectos o pueden ser más tóxicos sus efectos secundarios.

LECCIÓN 50

Neuroanatomía sexual

Dos amantes yacen felices recostados después de amarse intensamente, ella quiere conseguir más sensaciones placenteras, más caricias, quiere seguir siendo amada. Él está pensativo, casi dormido, cansado, ha permitido mucho placer y esfuerzo, piensa en otras cosas, es más práctico y experimenta menos apego en la fase de resolución amorosa.

¿Qué motivó a ambos llegar al plano sexual? Si bien existen factores psicológicos y sociales para llevar el acto sexual de una determinada forma, el proceso biológico es sumamente intenso y por momentos determinista: ellas escogen, aceptan y delimitan mejor; ellos son más visuales, egoístas y superficiales.

Ambos no se entregaron a la pasión con el corazón, hicieron el amor con el cerebro —aunque, obviamente, se apoyaron en su cuerpo—, como órgano receptor intensificador de las sensaciones y modulado por nuestras hormonas. En promedio, un ser humano que tiene 3 coitos por semana desde los 18 años, en los próximos 30 años habrá hecho el amor 4320 ocasiones; si tiene 2 hijos, esto indica que el proceso sexual para la procreación es utilizado para este fin en un 0,04%, es decir, el sexo en los humanos en el 99% de los casos es utilizado para fines de satisfacción, placer y emotivos.

¿Qué estructuras activamos en el cerebro en la actividad sexual?

- Una atención selectiva ante estímulos efectivos: corteza sensorial y de asociación.
- Se activa el tálamo, incitador y reverberante en la secuencia de información y de cambios cardiovasculares.
- La amígdala cerebral procesa la conducta y el deseo, lo mezcla con la lógica y lo real. Modificamos la respiración.
- El hipocampo, al activarse, es la estructura cerebral más importante para generar las fantasías y es importante para los recuerdos.
- El núcleo accumbens es el mayor proveedor de dopamina, por lo que la actividad se hace más placentera, ya que el deseo se encuentra en esta región.
- El área tegmental ventral (VTA) al activarse se motiva para tener orgasmos, quita los frenos.
- Los ganglios basales e ínsula inducen conductas poco ortodoxas y movimientos.
- El giro del cíngulo etiqueta la emoción, disminuye dolor y otorga más placer.
- El hipotálamo libera hormonas que activan conductas, cambian la actividad corporal y hacen más fértiles a los amantes (ovulación y espermatogénesis).
- El cerebelo otorga movimientos y guarda emociones.
- La médula espinal otorga reflejos corporales y actividades sin consciencia para mantener la actividad física y sensitiva sexual.
- Desaparecen gradualmente los frenos de la corteza

prefrontal, nos entregamos a la pasión. Nadie en la cama es inteligente. Por anatomía y neuroquímica: el orgasmo apaga, reduce o elimina transitoriamente al cerebro inteligente.

LECCIÓN 51

Neuroquímica de la actividad sexual

Factores neuroquímicos en la actividad sexual

Se libera dopamina y noradrenalina: las decisiones se toman rápido, la motivación es mucha y se nubla la actividad inteligente. La penetración y la distensión vaginal generan una gran liberación de estas catecolaminas.

Actividad del glutamato en la corteza cerebral: motivación, activación e hiperexcitabilidad. La meseta sexual se debe a este proceso de motivación permanente por glutamato.

Incrementa la serotonina: proceso que nos hace obsesivos, ya nada es importante en ese momento, solo culminar el acto. El movimiento pélvico se hace más intenso.

Oxitocina: generada por los besos, nos lleva al orgasmo, el cual induce contracciones uterinas o vesículas seminales, genera placer y apego.

Vasopresina: culmina en la necesidad de estar al lado del cuerpo amado, pero al mismo tiempo sensaciones de pertenencia.

Acetilcolina: permite activación y generación de ritmos neuronales, los cuales nos borran la realidad, la atención y solo siguen a la motivación sexual.

Factor de crecimiento neuronal derivado del cerebro, en el hipocampo genera aparición de neuronas; un orgasmo intensifica el proceso memorístico.

Endorfinas: el placer en el orgasmo se explica por la aparición de encefalinas y endorfinas, que hacen desaparecer los dolores y sentir que el cuerpo es más ligero. Este es el subidón esperado que, unido a la dopamina, se refiere a los momentos de felicidad más hermosos y cortos de la vida.

Óxido nítrico: además de favorecer el llenado vascular, incrementa la liberación de neurotransmisores. Es un modulador fortísimo cortical.

Aparece la prolactina después del orgasmo, la que limita el deseo sexual.

Esteroides sexuales: la testosterona incrementa el apetito sexual en ambos sexos. Sin embargo, los estrógenos hacen a la mujer más receptiva.

A nivel de médula espinal, es tal la liberación de endorfinas y factores vasculares que la dilatación vascular y relajación pélvica producen placer local.

LECCIÓN 52

El atractivo que evalúa el cerebro

¿Por qué te gustó tu pareja?

La conducta es un proceso cerebral con el que evaluamos, memorizamos y capacitamos nuestra memoria emotiva para entender el atractivo físico y sexual que nos puede inducir una persona; lo que vemos en la cara, lo que traduce la mirada, los recuerdos que su olor genera, el cuerpo ajeno que nos excita, la voz motivante, la sonrisa mágica, el tono de voz, los besos, todo en conjunto, lo que nos atrae de aquella persona que nos parece irreal y que seduce a nuestro cerebro, todo es evaluado por varias partes de nuestro cerebro en una fracción pequeña de tiempo, tan solo 900 milisegundos.

La atracción por esa persona es el resultado de una serie de activaciones de varias redes neuronales, que en paralelo nos hacen liberar sustancias químicas a través de las cuales podemos iniciar el juicio de agradarnos y disfrutar de la presencia de alguien, esto nos puede hacer adictos a corto plazo a una persona.

El cerebro de hombres y mujeres es distinto; se gustan y coquetean, pero no con la misma dinámica, de ahí la importancia de que la evaluación y el inicio del enamoramiento no sea de la misma intensidad o de factores semejantes de reconocimiento. Si bien el hecho de que la simetría de la cara y una adecuada relación nariz-boca (ojos de igual tamaño, boca más ancha que los lóbulos de la nariz) es atractiva para la mayoría de los seres humanos, es necesario reconocer que mujeres y varones evaluamos de distinta manera, consolidamos el deseo y el gusto en tiempos distintos. El cerebro tarda unos ocho segundos en definir si la forma de los ojos de la persona admirada se asocia emotivamente con la intensidad y manera de vernos.

En este breve periodo, en el cual se analiza el color, el olor de la piel y el pelo, algunas áreas del cerebro del varón disciernen entre el timbre de la voz y llevan la mirada al escote de ella, acto que realizan la mayoría de los hombres en la primera cita; para ellas, la evaluación se centra más en el tamaño de la espalda varonil, o si el mentón es grande y la voz grave. Los varones evalúan de las mujeres hombros pequeños y cadera ancha como un atractivo superior. La forma de caminar termina por definir la elección. La pareja ha evaluado ya estos datos, cuando se miran de reojo analizan el paso, la armonía y la fuerza de ellos o el ritmo y cadencia de la cadera y las piernas de ellas. Se ve atractivo el tono y volumen muscular que asocia protección a través de la altura del varón. Ellos asocian glúteos prominentes y cadera con fertilidad. El cerebro analiza cara-hombros-cadera-forma de caminar y olor-sonrisa que nos cautivarán en los próximos meses. Es increíble cómo el cerebro realiza estas evaluaciones y asociaciones en un tiempo fugaz y hace que estemos apegados a personas durante largos periodos de tiempo. Así las cosas, el problema no está en la elección, sino en la evaluación.

Esta atracción inicial, que se puede confundir con amor a primera vista, tiene elementos de activación inmediata en el sistema nervioso central; la conexión de la corteza cerebral —en especial la corteza que tiene la inteligencia: la corteza prefrontal— con un área relacionada con la memoria y el aprendizaje llamada hipocampo, junto con otra responsable de movimientos rutinarios y del control fino del movimiento corporal como los ganglios basales, es fundamental para evaluar al ser amado. La etiquetación de las emociones la otorga el giro del cíngulo y finalmente un área que asocia placer: el área tegmental ventral. La dinámica de interacción de estas áreas genera las risas cortas, la complicidad de la broma, o la mirada con sonrisa en silencio, palabras sin sentido o actitudes sin mucho control en el momento de estar con la persona admirada que nos encanta.

Los neurotransmisores involucrados en este fenómeno altamente gratificante son la dopamina, la noradrenalina, las endorfinas y la serotonina, así como algunas hormonas neuromoduladoras, como la oxitocina y la vasopresina. La dopamina induce placer y emoción, necesidad de conseguir y disfrutar. La noradrenalina motiva y la serotonina genera los procesos de obsesión. La oxitocina favorece el apego y la vasopresina motiva la protección al mismo tiempo que induce procesos placenteros en la fantasía sexual y la defensa del territorio. Unir este rompecabezas único, al conocer a alguien, motiva a conseguir su atención y proponer estrategias para que no se vaya de nuestro lado. Las hormonas sexuales, como la testosterona en los varones, hacen evaluar más rápido y permiten un proceso corto en la toma de decisiones.

Las personas nos gustan también por factores psicológicos y sociales que hemos aprendido previamente. Pero nuestro cerebro también se ha desarrollado en un contexto social: muchas de las condiciones, actitudes, poses y señales que nos atraen están delimitadas por el aprendizaje social, el cual entre los 7 y los 14 años es la base de cómo nos comportamos y decidimos de adultos. Nuestra cultura, juicio crítico y normas con las que limitamos socialmente nuestro desarrollo comunitario frenan o favorecen algunos actos. Nos gustan personas de acuerdo con modas geográficas, nos atrae lo que socialmente compartimos, gustos en común como la música, ideas y redes sociales.

Dos estudios en el campo de la neurociencia estuvieron de acuerdo en que la mirada de los varones suele reconocer los senos de la mujer, la cadera y la cara ¡al conocerla!, es decir, se tarda menos de 3 minutos en hacer un escáner social. En contraste, esto no es un determinismo, el 60% de las mujeres fijan su mirada en el abdomen, la espalda, la cara, la cintura y las nalgas del varón. Para ambos, este proceso de mirarse y coquetear otorga información que es interpretada: cara simétrica, mentón grande y espalda ancha brindan protección, seguridad y adecuada salud física y actividad sexual; senos grandes se asocian a buena salud, estado reproductivo y una pubertad terminada. Si bien cada uno de nosotros tenemos marcadores personales de belleza, el 68% de la población humana busca en la cintura un proceso de salud y el 89% busca en la simetría de la cara un sinónimo de belleza.

En la evolución de la humanidad, las normas sociales han modificado la capacidad de liberar dopamina por nuestro cerebro, mientras que, a su vez, la dopamina nos cambia, nos hace tomar decisiones y nos enamora. Lo social puede determinar cambios en la dinámica fisiológica cerebral. Sin embargo, cuanto más se opongan a nuestros gustos y traten de evitarlos, más nos obsesionan por querer obtenerlos.

Hoy la neurociencia reconoce que cuanto mayor sea la recompensa prometida, mayor es la atracción. Traducido esto en la forma de elegir pareja, significa que para nuestro cerebro las personas con mayor atractivo físico y social son las más atractivas, las que queremos obtener, que nos amen;

todo ello representa un gran éxito biológico y social, y en consecuencia una liberación desmesurada de dopamina fortalecida por la culminación de apropiarse socialmente de la persona que se ama. Las características físicas son siempre interpretadas. La parte social es un reforzador positivo: nos atrae el poder adquisitivo, actividad económica de las personas, su manejo cultural de información, su inteligencia. Un varón alto con voz potente es más atractivo, ya que esto se asocia a la gran mayoría de cosas que representan tamaño y poder en la sociedad. En los hombres se pone de manifiesto que biológicamente son seducidos por la juventud y la belleza física de la pareja.

Para mujeres y hombres opera un dato interesante: el factor de lo esperado en el premio a conseguir, algo que nos hace sentir que la persona es más inteligente o atractiva de lo que es. Cuanto más desconocemos a una persona, más nos seduce, el halo de misterio genera más atracción a las neuronas. Las primeras veces que hablamos con la persona admirada pero no conocida, el cerebro le otorga atributos de manera gratuita. Una vez conseguidos la atención o el cariño de la persona amada, la motivación cae más del 60%. Este hecho es común para el cerebro de diversos mamíferos, en especial para diversas conductas a lo largo de la vida del ser humano: lo obtenido deja de ser atractivo. El problema radica en no saberlo, no entenderlo y aplicarlo.

Un olor es especial para ellas, no para los varones. Una mujer a través del olfato puede distinguir en menos de 5 segundos el atractivo de una posible pareja: las mujeres pueden oler el complejo mayor de histocompatibilidad —una proteína que acopla el sistema inmunológico con la armonía tisular de todos los órganos de nuestro cuerpo—, responsable de marcar las células propias de las que son ajenas a nosotros, por ejemplo, en una infección o en un trasplante. Si este complejo es semejante al de la mujer y ella lo huele, rechazará conductualmente a la persona. Por el contrario, si el complejo mayor de histocompatibilidad es ajeno a ella, diferente y lejano, esto marca una diferencia genética que a su cerebro le proyecta gran atractivo, le gusta. Esto indica que la mujer demuestra mayor inteligencia para escoger a una pareja: la quiere diferente a ella genéticamente, a fin de que un posible hijo tenga genes distintos, con lo que ganaría la evolución de interacción de genes diferentes; en cambio, las copias de genes repetidos se asocian con disminución de inteligencia y anormalidades físicas en hijos de personas con consanguinidad. Una persona genéticamente diferente a una mujer le indica que sus genes pueden llevar a cabo una mejor herencia, a través de un hijo con mayor diversidad genética. La mujer no necesita saber la consanguinidad ni los detalles previos de la pareja, con solo olerlo ella realiza un escáner completo de la genética de la persona que tiene enfrente. Para ellas, un primer beso es suficiente para saber si la relación va a durar mucho tiempo o, en consecuencia, si habrá sido una primera y última cita, ya que el beso no fue lo bastante gratificante y atractivo para ella.

El que una persona nos guste y sea demasiado atractiva para nosotros es para el inicio de una relación, para escoger a la pareja, para enamorarnos, no para mantener a la pareja a nuestro lado.

LECCIÓN 53

Psicópata o altruista

La biología, la genética y la sociedad intervienen directamente en la actividad y composición de nuestras conductas. Si bien heredamos nuestro carácter a través de los genes que codifican para las enzimas, los tipos de receptores o las proteínas que regulan nuestro metabolismo…, la personalidad la vamos gradualmente construyendo y cambiando con la evolución de nuestra vida. Un periodo fuerte de adquisición de información y formación de redes neuronales que contribuyen a ir modelando lo que seremos como adultos se da entre los 7 y los 14 años. Muchos de los genes, la plasticidad neuronal y la liberación de neurotransmisores son especialmente modulados en esta edad por cómo el aspecto social y psicológico afecta a cada persona. Lo que más se repite, la violencia de que se es testigo, el proceso doloroso moral al que nos exponemos a esta edad, todo ello impacta en el aprendizaje y marca nuestra vida; es decir, hay un determinismo psicológico y social que poco a poco influye en cambios anatómicos y funcionales que van a desarrollarse e inducirán cómo se comporta una persona en la etapa adulta.

El cerebro aprende a ser egoísta o desinteresado, violento o tranquilo, emotivo o controlador en la etapa de vida que va de los 7 a los 14 años; en este periodo se generan cambios en las conexiones neuronales, asociados a la activación de genes y cambios hormonales en el cuerpo, lo que modifica nuestra forma de pensar, de prestar atención y regular nuestras memorias. Diversas áreas cerebrales como el hipocampo, el cíngulo, la corteza prefrontal, la ínsula y en especial el sistema neuronal de recompensa (el núcleo accumbens, el área tegmental ventral y la corteza prefrontal) se conectan y hacen redes neuronales funcionales con las que el cerebro aprende a sentir felicidad, tristeza, violencia, irritabilidad y diversas inquietudes. Estos cambios neuronales en su conexión son lo que se llama «poda neuronal» y constituyen una parte importante de la plasticidad cerebral humana.

Una red neuronal que cambia o se modifica es la responsable de la liberación de dopamina (el neurotransmisor de la felicidad), de manera que el cerebro gradualmente va generando condiciones anatómicas para aprender, contrastar y desarrollar aptitudes para encontrar felicidad, satisfacción. El circuito neuronal de la recompensa es uno de los responsables para definir si la personalidad se modifica para desarrollar un cerebro psicópata o para proporcionar los elementos para ser una persona altruista.

Diversos trabajos clínicos en el campo de la neurología han mostrado que uno de los datos característicos de un cerebro psicópata es que disminuye o pierde la capacidad de generar emociones agradables como consecuencia de detonantes desagradables, imprevistos, violentos o giros inesperados terribles en la vida. En contraste, el cerebro de una persona altruista genera más emociones, realiza evaluaciones y jerarquiza apegos, es más abierto a la interpretación de sus emociones, tiene más y mejores conexiones, no se ha enfrentado a la violencia y ha disfrutado de apego, comunicación y cariño.

La terapia psicológica en las personas altruistas suele tener mejores resultados y con más impacto en el entendimiento de las experiencias; y estas personas, a su vez, valoran más los cambios que observan en sí mismas, sus comportamientos y las evaluaciones que realizan.

La terapia cognitivoconductual asociada a la práctica del *mindfulness* (técnica de meditación activa para colocarte en el aquí y en el ahora) en las personas compasivas o altruistas induce mayor liberación de dopamina, oxitocina y endorfina; en este grupo de personas es posible controlar mejor el dolor crónico, mejorar la respuesta ante la depresión, disminuye más rápido la ansiedad y el estrés se adapta más deprisa. En un cerebro que no desarrolla emociones o las evita, la terapia cognitivoconductual no contribuye de manera inmediata en resultados. El cerebro psicópata puede tardar hasta 6 meses más en la construcción de nuevos aprendizajes relacionados con la emoción.

LECCIÓN 54

El teléfono móvil y la salud

Debido a la inducción de alta satisfacción, latencia inmediata y alta frecuencia de estímulos visuales-auditivos, el cerebro puede generar rápida tolerancia e inmediata dependencia a los dispositivos digitales (teléfono móvil, tabletas inteligentes, ordenadores), pero al hacerlo personalizado, modificable y altamente manipulable, el móvil tiene ventajas en el proceso adictivo.

Un periodo prolongado de exposición a una pantalla pequeña, estimulante, a su efecto lúdico-placentero de comunicación, juego o actividad en la interacción con las redes sociales, los hacen imprescindibles muchas horas al día. Pero recientemente se identificó la inducción de efectos físicos, psicológicos, conductuales y fisiológicos adversos, todos ellos relacionados con el tiempo dedicado al uso del móvil. La exposición constante a estos dispositivos puede afectar a la salud mental y física: 1) aumentando el estrés, no solo en su duración, sino también al desarrollarlo más fácilmente;

2) generando ansiedad marcada como una preocupación constante, limitante en la toma de decisiones, catastrofista, tendencias suicidas y síntomas de depresión asociados proporcionalmente con la dependencia al equipo digital; 3) causando diversos problemas de sueño tanto en niños como en adultos; 4) en relación con factores de riesgo de obesidad y trastornos cardiovasculares, incluida la hipertensión y el incremento plasmático de colesterol; 5) generando la resistencia a la insulina; 6) provocando mala calidad del sueño inducida por el tiempo frente a la pantalla y la negatividad influenciada por el contenido, interrupción del sueño reparador por ver el teléfono en la cama antes de dormir —pues se asocia a una disminución de melatonina, anandamida y hormona de crecimiento—, o por leer el móvil en la cama —algo que se vincula con un inadecuado horario para dormir y despertar e induce a la dificultad para descansar—; 7) provocando un estado de hiperexcitación cortical que se asocia al incremento de la hormona del estrés: cortisol, lo cual se relaciona con desincronizar el reloj biológico o ciclo circadiano, alterar la química cerebral y crear un lastre para la obtención de energía y el desarrollo cognitivo. La adicción a los contenidos y la exposición excesiva a la pantalla no son adecuadas para el cerebro humano, nos conviene entender que más de 5 horas de exposición al móvil al día sí es perjudicial.

Los adolescentes que dedican mucho tiempo a las redes sociales o al móvil/tableta se muestran menos felices que los que prefieren practicar deporte o convivir con amigos.

El abuso del teléfono móvil entre los 12 y los 14 años favorece distracción, problemas de sueño y riesgo de desarrollar depresión o trastornos de ansiedad; lo anterior hace importante controlarlo.

LECCIÓN 55

Los errores son necesarios: se aprende de ellos

Todos los cerebros se equivocan, todos cometemos errores. Para evitar caer nuevamente en ellos es fundamental aprenderlos, detectarlos e integrarlos en la memoria. Los errores, cuando son capturados por grupos de neuronas especializadas para ello (están en el giro del cíngulo y la corteza prefrontal lateral), los hacemos conscientes. Esto tiene la particularidad de evitar o disminuir la culpa, el enfado o la vergüenza que se encuentra previo al dolor moral e ideas recidivantes que molestan a nuestra conducta.

Algunos errores metodológicos, de palabra, de omisión o de apreciación, se repiten muchas veces en nuestra vida, incluso en nuestro día o todavía peor: en menos de una hora. Debemos reconocer que detrás de repetir el mismo error se encuentra la falta de atención, el hambre, el cansancio, la privación de sueño, o bien una condición de estrés. El cerebro se da cuenta en menos de 100 milisegundos de que está cometiendo un error, y en algunas ocasiones regresamos al punto inicial para tratar de solucionar la serie de errores u omisiones, lo que sucede en un 20% de los casos. En la convivencia social, a pesar de que en el 75% de los casos dejamos las cosas con el error subyacente, tenemos pensamientos que localizan el error.

Para evitar errores, necesitamos condiciones de aprendizaje libres de omisiones. Esto significa que necesitamos un reforzador en el momento de estar aprendiendo o adquiriendo cognitivamente las reglas, o ser cuidadosos en el orden de la información. La emoción ayuda, pero mucha emoción también puede afectar al crear sesgos; la dopamina genera reforzamiento neuronal, pero si esta dura mucho tiempo o es a grandes concentraciones termina por disminuir la parte objetiva neuronal de la detección del error. Es decir, disminuir los factores de estrés, manejar mejor una emoción y repetir de 7 a 10 veces en menos de un minuto el factor, nombre, fecha clave o serie de palabras, genera condiciones libres de omisiones. Tenemos que reconocer que independientemente de la edad que tengamos cometemos errores más fuertes por la tarde (ponemos más atención entre las 9 de la mañana y la 1 de la tarde), y a esto debemos sumar que si nuestros niveles de glucosa son bajos (desayunar o comer son imprescindibles para memorizar), si los niveles de cortisol son altos (atenúan la entrada de información al hipocampo), o finalmente, cuando los niveles de noradrenalina se incrementan (por enfado o adversidad) generamos sesgos de aprendizaje, todo lo cual predispone a cometer errores en la respuesta inmediata o en la generación de memorias erróneas.

Cuando reconocemos un error, varias áreas del cerebro se activan. En un margen de adecuada salud mental, el cerebro no quiere seguir cometiendo los mismos errores, y menos aún si somos conscientes de ello. Tenemos una máxima exactitud de cálculo, pensamiento y análisis de información, pero esta disminuye si exigimos rapidez o le presentamos un futuro inmediato de adversidad a nuestras neuronas, por lo que tratamos de ajustar nuestras respuestas ante preguntas importantes o procuramos tomar más tiempo si de nuestra respuesta dependen consecuencias en nuestra vida. Nuestras neuronas siempre van a buscar contundencia y, por supuesto, aceptación; sin embargo, cuanto más adaptados estemos a evitar cometer un error, más probable es que al hacerlo lo corrijamos rápidamente.

La corteza prefrontal, específicamente la ubicada en la región dorsolateral, se asocia con la actividad del giro del cíngulo en su porción anterior y se comunican con los ganglios basales, que están involucrados en el sistema neuronal de detección y atención de un error. La corteza prefrontal evita cometerlo porque lo compara con la información previa y la proyección de la posible consecuencia del error (vergüenza, culpa, límite); a su vez, el giro del cíngulo es el módulo especializado de la corrección de fallos, interpreta, asocia y somete a emociones de la amígdala cerebral el error; y, por supuesto, los ganglios basales son el circuito de referencia que nos hace entender y nos avisa con la repetición de la secuencia del momento. De esta manera, comúnmente, la corteza prefrontal corrige, pausa secuencias o voluntariamente omite el acto del desliz y la culpa, o somete a escrutinio el fallo. Esta área cerebral toma las decisiones de avanzar con los errores y el dolor moral o bien decide pedir una pausa o solicitar una disculpa cuando quiere corregir el error que ha cometido.

Cometemos errores, pero si aprendemos ganamos tiempo en el futuro. Un error corregido es eficiencia en la vida. Casi en el 80% de los casos los aprendizajes están acompañados de un error de inicio. Depende mucho de la habilidad de la corteza prefrontal ser capaz de asumirlo e inmediatamente corregirlo. Lo anterior quiere decir que fallamos y cometemos más errores cuando somos conscientes. Reconocer los errores ayuda, no hacerlo abre una secuencia de entorpecimientos e inversión de tiempo que cansa y desestima nuestra cotidianidad.

LECCIÓN 56

Duelo patológico

«Ya nunca más volverá… ya no está conmigo, se fue para siempre».

¿Por qué el luto ante una pérdida irreparable puede llegar a ser un problema? En el luto crónico aparecen el miedo, el enfado, la culpa y la desesperación.

La duración de un duelo ante una pérdida es normal cuando esta se vive en un periodo de entre 6 y 9 meses, pero después de un año se considera un duelo patológico. No obstante, si una persona está constantemente llorando, hablando, recordando y asociando sus pensamientos para avivar el recuerdo de la persona fallecida se trata de un duelo patológico.

Las personas que tienen duelo patológico comúnmente recuerdan los mejores momentos que vivieron con esa persona, pero en especial los días que compartieron con más emoción. La nostalgia aviva culpas. La visión dolorosa de la realidad los acompaña constantemente, se sienten desesperados y por momentos amargados. Puede ser que se metan atracones de comida o realicen cambios en la dieta que los hagan subir o bajar de peso. En ocasiones estos pacientes pueden desarrollar enfermedades cardiovasculares o cáncer.

El duelo patológico se manifiesta cuando la persona que lo presenta tuvo ansiedad en la infancia, sufrió abusos o abandono, fue aislada socialmente o cuando la relación con la persona fallecida fue muy estrecha o el cuidador lo tuvo durante mucho tiempo y con plena dedicación. Finalmente, se asocia con una muerte repentina, inesperada o un suicidio.

El duelo patológico tiene una dualidad muy fuerte, a veces cuando una persona piensa en el ser querido fallecido siente una felicidad transitoria. En ocasiones este circuito de recompensa detona y acompaña el dolor moral, el cíngulo y la insulina hiperactivos.

El proceso se acompaña de un incremento en la actividad de la amígdala cerebral, generando un estrés psicológico que va mermando la memoria y la atención. La terapia funciona normalmente y sitúa a cada individuo. Las personas que tienen duelo patológico, cuando hablan de esto facilitan las explicaciones apropiadas para que la memoria autobiográfica vaya cambiando la interpretación de muchos de los eventos compartidos con la persona, uno de los grandes problemas del duelo patológico es una disminución de la memoria a corto plazo.

El duelo patológico se puede advertir cuando una persona tiene dificultad para hacer cosas nuevas, evita lugares, objetos que le recuerdan al fallecido y la conclusión cotidiana es no aceptar la pena. Pierde la confianza en los demás. Hay una sensación de que también la vida se terminó, incluso la propia. Los resentimientos con las personas fallecidas también pueden estar presentes.

En estas condiciones, la memoria y la depresión tienen un determinismo recíproco, se confronta constantemente lo bueno y lo malo, lo que nos hizo bien y lo que también se perdió.

Es necesario hacerle entender al cerebro que tiene un proceso de duelo patológico, que debe imaginarse una conversación final con la persona para pasar el duelo y desconectar la persistencia. Hacer una planificación de actividades que poco a poco ayuden a recordar y despedirse con una motivación especial de dejar ir bien con mayor objetividad. Cambiar la manifestación de la oxitocina en la sensación de pertenencia con la persona fallecida. Una buena terapia debe empezar por la información, la retroalimentación, y con una frase contundente; esto hace responsable y activo su dolor: tú puedes hacer lo que quieras y decidir qué hacer para sentirte bien. A partir ese momento, la persona puede trabajar poco a poco la pérdida e ir contra lo que la hizo sentir mal.

LECCIÓN 57

Un buen líder

Existen diferencias entre un jefe y un líder. Un líder tiene una gran capacidad para influir en los demás, inspirando, yendo hacia un objetivo. El líder suele ganarse la jerarquía a través de trabajo cotidiano y esfuerzo. Un jefe tiene autoridad impuesta desde el principio, su posición es jerárquica, no necesariamente tiene experiencia.

El líder se gana la confianza, genera entusiasmo y agrega soluciones a los problemas, sabe pedir ayuda y reconoce la importancia de cada uno de los miembros del equipo, inspira respeto. El líder muestra el camino, otorga comentarios, apoya el desarrollo profesional, delega responsabilidades y fortalece el espíritu de equipo.

Un profesional que brinde apoyo a los demás y que sea capaz de establecer una adecuada diferencia entre jefe y líder debe hacer cuatro cosas en el cerebro de su equipo.

Sabe que la motivación es mucho mejor que el castigo. Si bien la gran mayoría de las personas esperan una retroalimentación positiva que puede incluir premios. La motivación permite que las personas se dediquen más al trabajo y traten de hacer lo mejor por la sensación de pertenencia a un equipo.

Un líder adecuado sabe respetar horarios y también sabe tomar pausas.

Los mejores líderes saben disminuir las condiciones de estrés de su grupo cuando les otorgan autonomía y certidumbre. Cuando una persona siente tener control en su trabajo, se hace más eficiente. La independencia ayuda a obtener flexibilidad de pensamiento, y por eso se toman mejores decisiones. Cuando se siente apoyo, comprensión y comunicación, se tiene certidumbre.

Un buen líder sabe controlar su arrogancia y no convierte la experiencia en ego. Un líder sabe la responsabilidad que tiene la carga laboral y no culpa a los demás de un fracaso grupal; el aprendizaje del error expresa que con el ejemplo puede conquistar la lealtad y el reconocimiento.

LECCIÓN 58

La memoria es una capacidad

Aunque se ha tratado de comparar a la memoria con un disco duro de un ordenador, el proceso de almacenaje es diferente. Nuestro cerebro no es una computadora, por lo que podemos llegar a agotar nuestra capacidad memorística.

El uso de un ordenador o una tableta reduce la práctica cognitiva de nuestras neuronas como la memoria o la escritura, fruto de lo cual no solo disminuye la capacidad memorística, sino que además se interfiere sobre el proceso de adquisición de información.

Si bien la gran mayoría de nuestros aprendizajes son de manera consciente, no obstante, podemos aprender algunas pequeñas cosas sin ser completamente conscientes.

La gran mayoría de nuestras memorias se consolidan durante el sueño y específicamente en los sueños más reparadores que existen antes de las tres de la mañana, si es que dormimos por la noche. En el sueño se eliminan las conexiones superfluas y pueden dividirse neuronas en el hipocampo.

Sin embargo, no podemos ser conscientes durante el sueño para aprender, no tenemos la capacidad de aprendizaje sin corteza prefrontal.

El cerebro conserva su utilidad, por momentos durante el día puede utilizar hasta un 80 o un 90% de su capacidad, pero lo hace por fracciones pequeñas de tiempo. Cuando se hace eficiente, disminuye el número de neuronas integradas por una respuesta. Nuestro cerebro siempre trabaja al límite como respuesta a cada exigencia que el medio demande a nuestras neuronas. Pero este no funciona como si recibiera una receta.

Un cerebro maduro utiliza su experiencia para agilizar los procesos de aprendizaje de una manera más rápida, los adultos con experiencia disminuyen el método de ensayo y error, adaptan las reglas para hacer su actividad.

Hacer sopas de letras, armar rompecabezas y jugar al ajedrez son actividades que pueden ayudar a fortalecer la memoria y hacer mejores conexiones en el cerebro. Sin embargo, si no se tiene disciplina y no se practican con frecuencia los juegos de mesa, la realización de estrategias puede no ser suficiente para que las conexiones perduren. Para aprender de manera contundente necesitamos hacer más eficiente la llegada de sangre al cerebro a través de ejercicio, correr, barrer, bailar, caminar.

LECCIÓN 59

El trastorno por déficit de atención e hiperactividad (TDAH) a debate

El lado A

Óscar se siente con angustia constante en casa, le gritan, lo asustan, lo regañan, lo humillan y lo golpean; parece que no hace nada bien. Sus padres siempre lo están atosigando con lo incorrecto de su proceder, con lo distraído que está y con la constante comparación con su hermana; es un persistente recuerdo imperativo «¡Eso no se hace! ¡Estás perdiendo el tiempo!». Todo ello lo empequeñece, lo daña emocionalmente, lo pone triste, lo lleva a estar solo la mayoría del tiempo en su cuarto. A su corta edad, se siente culpable de las discusiones de sus padres y del malestar crónico de su hermana con él. Óscar no entiende qué hace mal

no entiende,
no entiende,
no entiende… y, peor aún, no sabe qué debe cambiar,
no sabe
no sabe

No sabe… si con eso, si con ello, él pudiera hacer feliz a los que están junto a él, lo haría, pero no lo sabe…

En la escuela Óscar se mete en todos los temas, y aunque no tiene amigos, trata de organizar juegos, de inventar otros nuevos y de decir cosas que la gran mayoría de sus compañeros —por momentos— no entienden. Eso lo lleva a jugar solo y por instantes a ver pasar la vida solo. El rendimiento académico es otra cosa, los profesores (sí, varios, porque lo han cambiado de varios grupos) insisten en que es incapaz de poner atención, en que se mueve demasiado, que distrae a los demás; de todos los profesores, al menos cuatro indican que Óscar se distrae mirando por la ventana, y pregunta continuamente a qué hora va a terminar la clase. Sus notas escolares no son buenas, y aun así dos profesores han identificado que Óscar es sumamente inteligente: el nivel de retención de la información que tiene es fantástico, posee una memoria de detalles que sorprende. Óscar es despistado, impulsivo, lo interesante es que cada uno de los profesores parece describir a varios niños siendo el mismo Óscar: distraído pero inteligente, impulsivo pero sensible, aislado pero afable con algunos compañeros, arrogante, inquieto y a veces violento.

Cuando por momentos parece estar plenamente atento, comienza a hacer ruidos con las manos, la boca, los labios, empieza a moverse en su sitio, parece que no respeta las reglas de la escuela: raya la mesa, se pone a hacer dibujos en plena clase o pretende leer historia en clase de ciencias naturales. En casa se va cuando su madre le está marcando límites, parece no importarle que estropeó la leche por ponerle pintura y guardarla de nuevo en la nevera, o por volver a sacar un 2 en matemáticas, no, no le interesa.

El lado B

Pocas personas han identificado que a Óscar le cambia frecuentemente el ánimo y muchos de sus actos, sin pensarlo, son arrebatos, no tiene paciencia, interrumpe a los demás cuando están hablando. A punto de cumplir 10 años, a veces se comporta como cuando tenía 4.

A veces se agita solo de pensar en lo que hace y lo que le falta por estudiar o los deberes que dejó de hacer. Se muestra agresivo, en ocasiones sin causa aparente, en la escuela o en casa, también contra él mismo, se pega o se arranca el pelo. En ocasiones rompe a llorar y casi nadie ve la violencia que se inglige a sí mismo. Es un genio en la improvisación. Cada vez que se le obliga a controlar su conducta, lo entiende como una invitación a romper los límites. Si bien no es rápido para ejecutar tareas, su mente lo pone a soñar en un futuro en el cual se imagina futbolista, presidente o artista. Es curioso, tiene ganas de saber, se asombra con las cosas que no conoce, tiene una gran energía. Pero pocos adultos valoran su creatividad; es espontáneo, sensible, dispuesto a ayudar cuando se le pide de manera pausada y calmada. Óscar es cada vez más melancólico en casa y en la escuela porque siente que decepciona. Pero, sí, inmediatamente vuelve al principio, al movimiento y la impulsividad.

Óscar manifiesta trastorno por déficit de atención e hiperactividad (TDAH), el cual, en épocas recientes, vino a traer a debate su capacidad intelectual, la atención psicológica y, por supuesto, la necesidad de utilizar o no medicamentos para su uso.

El TDAH

El trastorno por déficit de atención (TDAH) se diagnostica entre los 6 y los 16 años. Desafortunadamente, cada vez a edades más cercanas a la adolescencia. Siete de cada diez niños diagnosticados con TDAH son varones. Los signos con los que más se presenta en el diagnóstico son distracción, hiperactividad motora y falta de control de impulsos. Esto puede acompañar a la persona hasta su etapa adulta; detrás del TDAH existe un adulto que no tiene interés en las cosas, que olvida comúnmente y que es un caos en el trabajo o en sus relaciones interpersonales con la familia. Los adultos llegan a tener actitudes necias y por momentos teatrales, sufren cambios de ánimo de manera fortuita y no pueden mantener la paciencia. Los adultos llegan a ser obstinados y procrastinadores.

No hay un gen específico que explique el TDAH; sin embargo, sí existen factores genéticos y hay determinantes prenatales, como la ingesta de alcohol o exposición al tabaco por parte de la madre en el primer tercio del embarazo.

Hoy en día, la hipótesis de la falta de dopamina como uno de los principales moduladores de la génesis de este trastorno sigue vigente. Los factores hereditarios indican claramente que el receptor tipo 4 de dopamina y las moléculas relacionadas con la recaptura de este neurotransmisor en el espacio sináptico es el origen y el blanco de la prescripción farmacológica: cuando existe una comunicación débil entre la dopamina y sus receptores, el uso de atomoxetina y metilfenidato resulta adecuado para revertir este proceso; sin embargo, debe hacerse un diagnóstico preciso antes de introducir los medicamentos.

Anatómicamente, el cerebro tiene una disminución en el volumen y la comunicación de varias áreas cerebrales: el lóbulo frontal, el lóbulo parietal, el cuerpo estriado, el cerebelo y el sistema de recompensa (área tegmental ventral y núcleo accumbens) tienen disminuidas sus conexiones neuronales.

El cerebro de una persona con TDAH ejecuta sus funciones cerebrales superiores con rapidez, pero el rendimiento neuronal de esta área de forma rápida se desensibiliza, lo que explica por qué se aburre. Cuando se le obliga a controlar-mantener la atención y la conducta, el impulso de optimización se entiende, pero al estar con atenuación neuronal, la atención prácticamente no se sostiene. Gradualmente, por cambio de la actividad talamocortical, la actividad motora corticoespinal está sobreactivada, además de que el cerebelo atenúa mucho la retroalimentación motora que la corteza le otorga, así como los ganglios basales y el tálamo; esto explica parcialmente la motilidad. En otras palabras, el cerebro no tiene el equilibrio necesario para mantener atención de actividad motora, por lo que a las personas con TDAH les cuesta trabajo preparar movimientos, controlarlos, secuenciarlos y seleccionarlos.

El cerebro con TDAH lucha mucho contra sus propias emociones, por entender y proyectar sus sentimientos. Por organizar y controlar sus frustraciones, con la impaciencia y la problemática de entender la amistad y la desaprobación de los demás. Debido a cambios en la actividad dopaminérgica, suelen no responder a la recompensa o a los reforzamientos positivos que la dopamina otorga. Los niveles de dopamina están disminuidos en la corteza del cíngulo, en los ganglios basales y en el tálamo. Los estímulos de recompensa no son adecuadamente reconocidos, por lo que las recompensas y las sensaciones de felicidad son débiles, no tienen un reforzamiento social; comúnmente no surten efecto al otorgar regalos o desarrollar la espera de un éxito. Una recompensa para un cerebro que tiene TDAH debe darse en el momento oportuno, fomentando cambios de actitud a partir de los adultos y personas que más los quieren; las contradicciones: son los padres, los tutores o los maestros quienes por momentos no fomentan, no cuidan, no aprenden a hacerse entender por un niño que tiene TDAH. La gran mayoría de los padres se sienten tristes, culpables, y al mismo tiempo desatentos con sus hijos, señalan, mutilan psicológicamente y negocian el amor, cuando es el momento en el que se debería prestar más atención a la conducta evitativa o altamente reactiva del niño con TDAH. La mejor compensación de dopamina para una persona con TDAH es entender que la tiene, pero es cuando necesita más comprensión y amor cuando el padre o la madre debería expresar más dopamina ante los ojos de su hijo.

Si bien existen pruebas diagnósticas psicológicas, estudios electrofisiológicos y de imágenes que ayudan al diagnóstico de TDAH, el recurso clínico es de momento limitado y debe ayudarse con pruebas infalibles y cuantitativas de medición del cerebro y la neuroquímica. No deben excluirse herramientas para el estudio del TDAH. La experiencia del profesional es importante, pero el avance técnico nos indica que el mapeo cerebral y las imágenes cerebrales son fundamentales para realizar mejores diagnósticos.

Se ha identificado en el paciente con TDAH que después de un adecuado diagnóstico, el 75% responde de forma adecuada a la estimulación magnética transcraneal, y el 68% a la terapia de neuroretroalimentación. El 34% de los pacientes tienen éxito solo con terapia psicológica profesional. El tratamiento combinado entre terapia y medicamentos, vigilado y ajustando constantemente las dosis, puede presentar mejoría de un 56% a un 68%.

Sí, es posible atender, entender y manejar el TDAH.

LECCIÓN 60

El ostracismo

El ostracismo o la exclusión social impacta negativamente en nuestra autoestima.

Cuando una persona no nos mira a los ojos, omite mensajes, desvía su atención, nos hace «invisibles» en una reunión social o se niega a trabajar con nosotros, nos excluye. Es esa sensación extraña de sentirse menospreciado, ignorado o humillado. En estas condiciones la autoestima disminuye de forma significativa. El comportamiento cambia y la sensación común es la del dolor moral. Habitualmente la persona que siente exclusión se siente víctima y genera un proceso de hipersensibilidad. En el cerebro se activan los centros del dolor, de tristeza y de enfado. Aumenta la generación de estrés con altos niveles de cortisol y neurotoxina. La sensación de autocontrol disminuye, nos muestra vulnerables.

El ostracismo siempre se siente igual, no importa si lo hace un familiar, amigo, compañero o desconocido. Si a este proceso se le otorga una explicación, es más fácil superarlo; sin embargo, en la gran mayoría de los casos no tiene explicación.

La soledad desconecta neuronas, disminuye la producción de BDNF (por sus siglas en inglés, factor neurotrófico derivado del cerebro), disminuye la liberación de dopamina e incrementa la de cortisol, con el tiempo llega a disminuir el tamaño de la amígdala cerebral y aumenta el estado hipersensible conductual. El cerebro experimenta una sensación desagradable. Estos factores se asemejan al ostracismo. Y como algunos mecanismos de la soledad persistente tienen una gran relación con el ostracismo, el cerebro va minando sus capacidades, pues nuestro cerebro no está hecho para estar solo. Sí importa ser tomado en cuenta, valorar nuestras opiniones modifica nuestra conducta. Ignorar nuestra presencia social disminuye nuestra autoestima, generando culpa o vergüenza.

La sensación de exclusión u ostracismo genera una actividad de las neuronas del giro del cíngulo anterior y de la ínsula, creando un proceso de dolor constante al que se suman incomodidad y hostilidad permanentes, necesidad de castigo o venganza inmediata, pero con el impacto de confiar menos en la gente y ser menos asertivos. Poco a poco aumenta la detección de esta condición por parte de la corteza prefrontal. En un adecuado marco de salud mental, el ostracismo nos hace reaccionar y procuramos evitarlo, aprender de él; su experiencia es aleccionadora y al mismo tiempo nos hace reaccionar. Lo mejor es aprender de la experiencia, hablar de ella y no considerarla como dirigida, mejor es eliminar el origen, entenderla como un evento desagradable, pero que esto no merme la confianza en nosotros mismos.

LECCIÓN 61

Qué no hacer en un mal día

Existen días malos en nuestra cotidianidad, preocupaciones, problemas no resueltos, inquietudes, situaciones inesperadas, noticias que cambian la vida. En esas condiciones, la amígdala cerebral se activa en 350 milisegundos y su respuesta puede perdurar durante minutos, horas o días. La actividad de la amígdala cerebral cambia la conducta, incrementando los niveles de atención, nos prepara para afrontar el altercado o en su momento la evasión; los niveles de neuropsina, una proteína que sobreactiva aún más a estas neuronas, predisponen el incremento de estimulación del hipotálamo para liberar hormona ACTH, que a su vez genera un estímulo sobre la glándula suprarrenal para aumentar los niveles de cortisol; esta hormona incrementa la actividad neuronal predisponiendo una entrada de Ca^{2+} que eleva los niveles de glucosa en la sangre.

¿Merece la pena estresarse o enfadarse? La respuesta, desde la perspectiva fisiológica, es sí; es necesario hacer hincapié en que el enfado y el estrés son respuestas que ayudan a adaptarnos ante un estímulo o detonante negativo. El inconveniente es que esta respuesta debe ser corta, no mayor de 35 minutos para un enfado, o de 90 minutos si es una respuesta de estrés.

Los humanos tenemos estos mecanismos neuronales, hormonales y metabólicos para soportar los inconvenientes de la vida. Debemos cambiar la manera de lidiar con ellos, adaptarlos. Ya que si bien tanto el enfado como el estrés son respuestas que se autolimitan con el tiempo, nuestros aprendizajes pueden hacer que duren más tiempo. Esta lección busca disminuir los absolutismos que invitan a no llorar, a no enfadarse o no estresarse, a reflexionar y admitir el enfado y el estrés, mencionarlos, entenderlos y adaptarlos.

Ante un ambiente hostil, de prisas y violencia, algunos pequeños detalles cognitivoconductuales pueden ayudar a evitar que el enfado o el estrés se prolonguen por más tiempo:

No mires el reloj. La activación de neuronas marcapaso del hipotálamo se activan ante la percepción del tiempo. Mirar varias veces el reloj apunta a una mayor activación de la amígdala cerebral e incremento de cortisol. No es que busquemos controlar el tiempo, sino que el paso del tiempo genera más encono y preocupación.

No tomes decisiones importantes si estás enfadado o estresado. Debido a que las neuronas de la corteza prefrontal están disminuidas en su actividad por el periodo estresante, no hay una adecuada percepción de los eventos. Carecemos de objetividad, la proyección social es inadecuada. Los límites se están perdiendo, una decisión en este momento tendrá consecuencias negativas a corto plazo. No se soluciona un problema con la misma emoción con la que se generó.

Evita el café si estás estresado. La cafeína es un estimulador que incrementa al segundo mensajero AMP cíclico, esta molécula nos quita el sueño, activa la corteza cerebral y disminuye la relajación. Las emociones con café se hacen más grandes o tardan más en adaptarse. Un café ayuda a estimularnos, pero no disminuye los errores que cometemos.

No seas esclavo de la prisa. Las prisas son la inadecuada adaptación a los tiempos, la subjetividad de las proyecciones. Tener prisa es una de las manifestaciones estresables que llevan al caos con mayor facilidad. Se asocia a un futuro catastrofista y generador de ansiedad. Tras el enojo y la frustración se encuentra la proyección de la prisa, que indica la nula posibilidad de controlar.

Evita sitios oscuros. El cortisol necesita luz para disminuir, los sitios con poca luz o muy oscuros lo incrementan o hacen que resulte más difícil de controlar. Una discusión a oscuras es más caótica. Una pelea a oscuras es más arriesgada.

Evade sentirte culpable. La culpabilidad es un generador de dolor moral, de molestia crónica. Cuando surge un problema no es momento para buscar al culpable. El cortisol, la noradrenalina y la vasopresina sostienen esta conducta que evita responder con asertividad. Si bien no es malo enojarse, mantenerlo sí es inadecuado. Sentir culpa mantiene el enfado y el estrés.

Evita en lo posible las discusiones: no hay una sola verdad, ni verdades absolutas. Es posible cambiar, siempre se puede. Todo es relativo y subjetivo. Los problemas no son para comprenderlos, simplemente vive la experiencia, se aprende de ella.

No discutas cansado, no resolvemos nada cuando tenemos sueño. Tomamos malas decisiones cuando estamos privados de sueño o hay cansancio. Cuando el trabajo cognitivo es intenso y prolongado durante varias horas, se acumulan productos potencialmente tóxicos en el córtex prefrontal.

LECCIÓN 62

Venganza

Un infiel, un ladrón, un mentiroso: ¿deben ser castigados?

El ser humano es una especie que vive en sociedad, tiene normas sociales para su función. Somos una especie altruista que convive y puede vivir entre otros seres humanos durante mucho tiempo.

Sin embargo, una posición indebida, una injusticia o una traición necesitan ser castigadas. Los seres humanos somos los únicos capaces de generar sentimientos de venganza. Sin justicia, castigo o venganza, la convivencia social sería muy compleja. En los niveles de venganza se tienen que ordenar los límites sociales. Se hace necesario limitar los juicios sumarios.

Justicia o revancha es la alegría que nos invade cuando un traidor es atrapado y se procesa su castigo. Sin embargo, somos una especie a la que no le gusta ver sufrir a los demás, así que el nivel de satisfacción también se verá modificado por los frenos que ofrece la corteza prefrontal para evitar un castigo innecesario. El ser humano siempre espera que las personas sean justas.

El cerebro humano es el sitio donde se genera la venganza, se activan regiones corticales temporales, parietales, sistema límbico y tálamo que procesan tanto el dolor como la recompensa, así como aquellas emociones que también participan en la toma de decisiones y proyecciones. La ínsula, la corteza prefrontal dorsolateral y el núcleo caudado están directamente relacionados con la sensación de venganza.

La empatía disminuye cuando se percibe algo injusto. Se siente alegría cuando el culpable siente dolor. En la medida en que la persona es castigada, el nivel de justicia se aprecia. Esto puede aliviar totalmente la necesidad de venganza.

La severidad del castigo también está relacionada con la percepción de la necesidad de generar justicia; una sociedad que tiene pensamientos y sentimientos de venganza requiere mecanismos para ofrecer legalidad. Sin embargo, las sociedades que procuran más justicia también se han visto involucradas en actos de venganza, a veces injustificados.

LECCIÓN 63

No sé qué emoción tengo (alexitimia)

La alexitimia es la incapacidad de dar el nombre, la referencia o la descripción verbal a la emoción que sentimos cuando un acto detonante la ocasiona; es, además, no saber interpretar la emoción de la persona con la que estoy hablando, no reconocer si alguien se enfadó o está triste. En otras palabras, no sé qué tengo, pero tampoco sé qué tienes.

La alexitimia, un problema neuronal, cognitivo y emocional, es el resultado de cambios en la conectividad de varias regiones cerebrales que son importantes para la etiquetación, jerarquización y descripción de las emociones.

Por lo general, el conocimiento de nuestras emociones lo adquirimos y lo construimos plenamente mediante actos de retroalimentación cultural y familiar, sobre lo que vemos, cómo se actúa ante las lágrimas, el enfado, el asco, etcétera; poco a poco vamos gestionando, etiquetando y copiando estas señales, de tal manera que las emociones de cómo lloro, cómo me río o cómo genero una actitud de desagrado, en realidad muestran cómo se asimiló una etapa crítica de la vida (de los 7 a los 14 años); en este periodo, el giro del cíngulo (núcleo de las interpretaciones) genera conexiones neuronales con el hipocampo (área relacionada con la memoria) y la ínsula (sitio de proceso de dolor, etiquetación y reconocimiento de conductas).

La alexitimia es una conexión neuronal deficiente o inexistente entre los sitios que generan emoción y los centros que la detectan, pero en especial lo que la valora y le otorga su interpretación es el giro del cíngulo. Las personas con alexitimia sí tienen emociones, sí las desarrollan, solo que en ocasiones son incapaces de identificarlas o señalarlas. Podría parecer que se trata de personas excesivamente emocionales que pueden llorar o enfadarse, pero tienen una sensación de vacío. Cuando escuchan hablar de amor, desconfianza, miedo, no lo entienden. El cerebro no gestiona algo que no conoce.

No son capaces de entender la sensación de mariposas en el estómago, el llanto, cambios en la motilidad intestinal, opresión en el pecho o sudoración por una emoción, ya que no la conocen.

La alexitimia es muy frecuente, el 1% de la población a nivel mundial la experimenta. Es un desorden neurológico que se inicia en la infancia. En la familia, en especial, los padres tienen un factor etiológico muy importante, ya que ellos desempeñan la guía, el aprendizaje y la connotación para la explicación de las emociones. La etiquetación de estas se aprende, la comunicación del sistema límbico con los módulos de memoria se conecta entre los 7 y los 14 años. Estas áreas cerebrales no se desarrollan adecuadamente cuando en un escenario familiar y social aparece la violencia, agravios, golpes, humillaciones o violaciones; en otras palabras, la violencia social impacta de forma negativa en nuestro cerebro. Esta es la razón por la que el giro del cíngulo no conectará adecuadamente con el hipocampo, la amígdala e ínsula y, por lo tanto, aunque se esté presente en el proceso de aprendizaje de una emoción, el cerebro es incapaz de etiquetar las emociones. La alexitimia es el resultado de un proceso violento o surge por desafortunadas indicaciones o presiones sociales mediante las que se señala violentamente la desaprobación emotiva: «no llores», «no te enfades», «no te rías»; fruto de ello, a lo largo de la vida de esta persona, su cerebro indica que la emoción es inexistente, la desaprueba o la desestima.

Por lo general, si una persona ve un atardecer, la fotografía de un niño llorando o escucha una canción emotiva, suspira, llora o sonríe, y asimismo dice lo que añora, lo feliz que fue o transmite la necesidad de repetir el evento. En la alexitimia cuesta mucho trabajo integrar la emoción o a partir de ella cambiar la conducta futura inmediata. La actividad neuronal del giro del cíngulo es débil o inexistente en estas personas.

LECCIÓN 64

El dolor de la migraña

La migraña es un tipo de dolor cuya característica fundamental es afectar solo un lado de la cabeza o de la cara; es un dolor pulsátil, intenso, y suele ir acompañado de hipersensibilidad a la luz, náuseas que pueden llegar al vómito y es incapacitante. Los ataques de migraña pueden durar horas o hasta un día completo, y por lo general intervienen de manera negativa en la actividad cotidiana de una persona, impidiendo la actividad laboral o escolar.

Algunas crisis de migraña tienen síntomas de advertencia llamados aura, es decir, estos se presentan antes del dolor intenso y pueden ser en forma de destellos de luz, de puntos ciegos y de la sensación de hormigueo en la cara, cuello, incluso el brazo.

Pero todavía peor es el hecho de que un día antes pueden aparecer pródromos, que se caracterizan por cambios en el estado de ánimo, incremento en la actividad de micción, estreñimiento o retención de líquidos.

¿Qué causa la migraña? En realidad el dolor se debe a un cambio vascular: los vasos sanguíneos que se encuentran en las meninges se hacen más grandes para que llegue más sangre al cerebro. Es decir, el dolor se debe a una mayor llegada de sangre a la cabeza.

El proceso inicial tiene antecedentes: los grupos neuronales, al trabajar más y con gran actividad, desencadenan un incremento en el consumo de glucosa y oxígeno. Una zona hiperactiva en el área visual del cerebro consume mucho oxígeno y esto detona la necesidad de mayor llegada de sangre. Estudios clásicos indican que inicialmente una hipoxia o disminución del aporte de oxígeno es el detonante, pero la realidad es que, al trabajar más esa región del cerebro, la demanda hace que el aporte de sangre sea masivo como compensación.

El incremento de la actividad neuronal de la corteza visual va acompañado también de la activación del hipotálamo y del tronco cerebral. Al ir aumentando el tono vascular y la llegada de sangre, el dolor en realidad se debe a un incremento en la actividad del nervio trigémino y de los nervios de la médula espinal que se activan al detectar los cambios vasculares —en concreto, el aumento del grosor de arterias y venas—, produciendo dolor por una vena de la meninge de mayor calibre.

La sobreactivación neuronal se acompaña de una despolarización, que es tan grande que se incrementa la liberación de potasio y glutamato, lo que exacerba la irritación neuronal y la señal de dolor. Cambios en la temperatura —en especial el calor—, el estrés, el hambre o la sed son detectados en el hipotálamo y en parte del mesencéfalo, y en consecuencia también pueden ser detonantes de la migraña.

La migraña tiene un componente genético que principalmente relaciona a la liberación de glutamato y la recaptura/transportador de este neurotransmisor. Además, el cromosoma 19 está involucrado directamente en la liberación de noradrenalina, dopamina y acetilcolina, que predisponen a la generación de cambios vasculares en las crisis, de tal manera que es posible que los pacientes con migraña liberen mayor cantidad de glutamato y sean más sensibles a los cambios vasculares.

LECCIÓN 65

La fiebre empieza en el cerebro

La temperatura corporal media del ser humano es de 36,5 a 37,5 °C. Por encima de esta última cifra se llama hipertermia; específicamente entre 37,6 y 38 °C la denominamos febrícula, y propiamente después de los 38 °C se considera fiebre. La fiebre es un signo que indica que nuestro cuerpo se está defendiendo de un ataque de bacterias o virus, de una infección; es decir, tener fiebre significa que el sistema inmunológico está activo y está de nuestro lado. Para ello, la fiebre genera: 1) incremento en la división celular (mitosis) de las células inmunológicas; 2) producción de sustancias (interleucinas) que promueven inflamación y migración de leucocitos en la zona donde se encuentran las bacterias o virus, y a su vez cascadas de activación inmunológica; 3) producción de anticuerpos (inmunoglobulinas), que son fundamentales para la lucha contra agentes ajenos a nuestro cuerpo y para desarrollar la memoria inmunológica. Si bien la fiebre es un signo de enfermedad, debemos entenderla como el inicio de una lucha y un mecanismo de defensa de nuestro cuerpo, que no deberíamos suprimir sin ayudarle.

Comúnmente nuestro cuerpo hospeda bacterias, hongos, virus y parásitos, y es normal que así sea, pero debemos mantener a estos microorganismos a raya, vivir con ellos de tal manera que el beneficio sea recíproco, saprofita; por ejemplo, estos huéspedes nos defienden del ataque de otras bacterias, más agresivas, por lo que es adecuado que vivan en nuestra piel, mucosas, intestino o vías respiratorias cierto tipo de microorganismos. Una infección empieza cuando se rompe este equilibrio entre los microorganismos y nuestro sistema inmune.

La fiebre no tiene por qué ser síntoma de una infección, también nos la pueden generar otras causas «no infecciosas» como una enfermedad autoinmune, un trombo (coágulo) en una vena o arteria, un ambiente muy cálido (insolación), enfermedades como leucemia, cáncer, y algunos medicamentos: anticonvulsivos, anfetaminas, antibióticos, antihistamínicos, la abstinencia a ciertos medicamentos o sustancias como el alcohol y las benzodiacepinas y del mismo modo puede aparecer en ansiedad o hipertiroidismo.

El centro regulador de nuestra temperatura se encuentra en nuestro cerebro, es el hipotálamo, el cual es un termostato que adecúa la temperatura corporal al horario, actividad y demanda física.

Ante una agresión por agentes infecciosos, se producen citosinas e interleucinas como resultado de fracciones de virus, membranas de bacterias o proteínas asociadas a microorganismos. La interacción de un pedazo de bacteria o virus con una proteína de unión (la LBP) se une a los macrófagos (células inmunológicas) e inmediatamente producen interleucina 1 y 6 (IL1 e IL 6) y factor de necrosis tumoral alfa (TNF a). En el cerebro estas interleucinas ayudan a la producción de prostaglandina E2 (PGE2) por parte de la microglía. La PGE2 actúa en el hipotálamo en los núcleos paraventricular y en el área preóptica medial, estos dos núcleos del hipotálamo son los principales termorreguladores. Se ajustan los procesos para mantener la temperatura en un valor nuevo y más alto, llamado «valor de referencia» (*set-point*), un valor establecido por medio de la frecuencia de generación de potenciales de acción en las neuronas termorreguladoras. Es decir, a más elevación de la PGE2 hay más fiebre, lo cual habla de la cantidad y diversidad de microorganismos que nos están afectando.

La fiebre tiene su núcleo central en el hipotálamo, el centro regulador y termostato de nuestro cuerpo. A las sustancias que generan la producción de PGE se las conoce como pirógenos, por eso todos los medicamentos que inhiben la producción de PGE son antipiréticos y reducen la fiebre.

Los niños tienen un sistema inmunológico poco experimentado, generan fiebres más elevadas con mayor frecuencia. La fiebre incrementa las condiciones de estrés celular, induce muerte celular, infartos; predispone a un incremento de la actividad de las neuronas, por lo que puede generar convulsiones. Esto es debido al incremento del potencial de equilibrio del sodio y el potasio, lo que se traduce en una mayor excitabilidad y hace que la célula se active tanto que puede llevarla a la muerte. La temperatura superior a 40 °C cambia la función y la forma de las proteínas de nuestro cuerpo, desnaturalizándolas. De ahí que el mismo hipotálamo contrarregule de manera inmediata la temperatura.

LECCIÓN 66

Enfado o miedo

Comúnmente el cerebro acostumbra a mezclar emociones en situaciones detonantes en las que se encuentra en riesgo, en la toma de decisiones o ante crisis. Los estudios de imágenes cerebrales muestran que las emociones que más activan nuestras redes cerebrales son el enfado y el miedo. Ambas activan varias áreas cerebrales, aunque el enfado establece una mayor actividad en tiempos cortos.

En el análisis de la expresión facial, en menos de 500 milisegundos, es posible cuantificar los movimientos musculares de la cara durante emociones como el miedo o el enfado. Estas evidencias anatómicas y psicológicas muestran que el enfado es una de las emociones que puede establecer la solución más rápida de un problema respecto a lo que el miedo ofrece. El enfado activa áreas cerebrales que motivan atención, libera más noradrenalina y establece situaciones de atención de latencia corta. En contraste, el miedo hace un evento más largo en respuesta neuronal, el cual puede esperar por más tiempo una solución.

A nivel metabólico, el miedo genera incrementos de presión arterial por más tiempo, con periodos prolongados de cortisol; esto, unido a una actividad extendida de la amígdala cerebral, supone una de las bases metabólicas que explican por qué el miedo se asocia con la pérdida del control e inducción de caos en ideas y errores al generar atención en detalles; además, esta emoción evade los estímulos, dado que la ansiedad se relaciona con ideas repetitivas, obsesivas y lenguaje monotemático. En contraste, el enfado incrementa de inmediato la presión arterial y el cortisol disminuye gradualmente, y si bien el enfado puede quitar en la primera etapa congruencia y objetividad, también otorga elementos para memorizar, luchar y prestar atención a los detalles. El enfado se asocia con la irritación y requiere una respuesta inmediata.

LECCIÓN 67

Envejecimiento y memoria

Perder memoria va ligado al número de neuronas activas y conectadas que ya no tenemos. Y si bien nadie aprecia su memoria hasta que la pierde, conviene tener en cuenta que es muy frecuente que la memoria nos vaya fallando a medida que envejecemos.

Al nacer, tenemos un promedio de 100 000 millones de neuronas en su cerebro; y a los 35 años, una media de 86 000 millones de neuronas, pero a partir de los 40 años en promedio, disminuimos estas neuronas porque tenemos una pérdida constante de 5 000 a 50 000 neuronas por día. Este número debe tomarse en consideración, ya que a los 50 años habremos perdido el 5% del grosor de la corteza cerebral, pero a los 60 años este será ya del 10%, es decir, desde entonces supondrá un 5% de pérdida cada 10 años. Las diversidades de estímulos conectan estas neuronas; una mayor cantidad de aprendizaje, experiencias y detonantes, conectan más neuronas, además del número de neuronas que tenemos conectadas y mantienen esa conexión.

El hecho de que el ser humano poco a poco empiece a perder neuronas del cerebro se asocia al descenso de la actividad metabólica. Específicamente, el lóbulo frontal es la zona donde disminuye con mayor énfasis la densidad neuronal. Es en esta parte del cerebro donde se encuentran las funciones cerebrales superiores, donde codificamos, desarrollamos y proyectamos a la memoria, así como tomamos decisiones. Perder información de esta corteza incide directamente sobre la memoria. Esta situación refleja una evolución normal en todas las personas de este planeta. Sin embargo, quienes desarrollan alzhéimer pierden principalmente neuronas en el hipocampo. De tal manera que la memoria que pierde una persona senecta es diferente respecto a aquellas que padecen alzhéimer.

Cuando una persona promedio envejece y, al preguntarle fechas, nombres o detalles específicos, olvida algo, se le puede ayudar a recordar la información que le cuesta trabajo solicitar a su cerebro; a esto se le llama errores aparentes. Sin embargo, a una persona que tiene alzhéimer esta ayuda o sugerencia no le sirve porque no puede recabar la información, esta ya no es accesible. Entonces se habla de un error auténtico.

Las personas que comen adecuadamente, duermen más de seis horas, tienen vida sexual activa, leen a diario, escuchan música, participan en juegos de mesa o resuelven rompecabezas, hacen ejercicio físico, aprenden cosas nuevas, tocan un instrumento, tienen un contacto social diversificado y son más activos intelectualmente tienen un sustrato neuronal mucho más protegido contra el envejecimiento que el de aquellas que no han hecho una inversión intelectual, o definitivamente están inmersas en el sedentarismo, en la ingesta de alcohol o el consumo de tabaco. El impacto de la pérdida neuronal es evidente a partir de los 50 años.

Utilizar estrategias para recordar pequeños detalles es

fundamental. El ejercicio intelectual a través de simples juegos, ecuaciones mentales, recordar el nombre de una canción o el de una persona es un estupendo generador para mantener a las neuronas en nuestra corteza prefrontal. No es que intentemos volver a utilizar una memoria íntegra o procuremos recordar todo lo que hacemos, se trata sencillamente de jerarquizar la información para ir atenuando los efectos del envejecimiento en nuestro cerebro.

LECCIÓN 68

Perder la memoria: cómo saber que empieza el alzhéimer

La memoria es la capacidad que tiene el cerebro para almacenar, codificar y recuperar información. Es una función neuronal esencial para el aprendizaje y la supervivencia.

Desde la perspectiva neuroanatómica, está relacionada con el hipocampo y la corteza prefrontal. El hemisferio cerebral derecho está relacionado directamente con el significado de las palabras, pero la utilidad y la manera como se utilizan para el lenguaje está en el hemisferio izquierdo, que resulta categórico en su función.

Existen varios tipos de memoria:

La *memoria sensorial* (recordar un olor); la *memoria a corto plazo*, la cual se puede subdividir en cuatro distintas:

- *Visoespacial* (cuando vemos algo y se queda como foto en nuestro pensamiento).
- *Episódica* (conocimientos vinculados a circunstancias o cuando se recuerda una conversación).
- *Fonológica* (recordar una clave o un número telefónico).

- *Ejecutiva* (actividades que suman para aprender gradualmente algo nuevo).

Y la *memoria a largo plazo*, la cual se puede dividir en:

- *Explícita*: reconocimiento de lugares, personas.
- *Semántica*: asociar con lógica para comprender, ¿lugar donde se encuentra la torre Eiffel?
- *Episódica*: sucesos importantes: la primera vez de algo, ¿cómo fue el día que cumplí mis 15 años?
- *Implícita*: se queda en la mente sin ser conscientes, tocar una puerta, andar en bicicleta.

La memoria tiene tres procesos neuronales progresivos e inherentes entre ellos para construirla: codificación, almacenamiento y recuperación.

El proceso de codificación se hace de manera consciente, depende mucho del estado neuroquímico (más dopamina: más memoria), nutrición, descanso, emociones. Después de la codificación continúa el almacenamiento, que consiste en cambiar redes, conexiones y las frecuencias de actividad de las neuronas, en especial en el hipocampo; gradualmente el glutamato, la acetilcolina y el GABA son neurotransmisores que tienen que trabajar en secuencia para que paulatinamente las sinapsis cambien y se establezca el mecanismo de retener la información en un diálogo entre neuronas, se sinteticen proteínas y se establezca el recuerdo en nuestro cerebro. El proceso de recuperación consiste en regresar al evento y cada vez que lo recordamos le vamos cambiando detalles, sumando o restando información.

El estrés o la ansiedad prolongada, algunos antibióticos, el envejecimiento, el insomnio, el tabaco, el alcohol o dietas deficientes de proteínas alteran la codificación, el almacenamiento y la recuperación de la memoria; una vida con malos hábitos incide directamente en la memoria.

Cuando la codificación de la memoria es deficiente, la información no se almacena, probablemente porque nuestra atención no estuvo presente o no hubo ninguna emoción importante asociada con la información, este es el error más común; así, no recordar el lugar exacto de un objeto, perder detalles, olvidar el nombre de alguien a quien acabamos de conocer suele ser consecuencia del cansancio extremo o estrés prolongado. En cambio, cuando somos incapaces de recordar algo que se ha aprendido o de lo que incluso se es experto, es decir, cuando la persona tenga dificultades específicas en el proceso de recuperación, la zona involucrada es el hipocampo y por la manera que sucede, suele ser el síntoma que caracteriza a la demencia propia del alzhéimer.

LECCIÓN 69

Blackout: apagón de memoria, cuando el alcohol secuestra la mente

Escenario 1: Raúl está golpeando, con los puños tensos, ofuscado, su ropa sucia, frente a él se encuentra noqueado en el suelo Mario, su mejor amigo, ambos han sido protagonistas de una riña; están rodeados de personas que no conocen, algunas azuzando a continuar la pelea, otras grabando con sus teléfonos móviles, otras como atónitos testigos. Como si despertara de un sueño, una pesadilla, de repente se pregunta ¿qué está pasando?, su último recuerdo de esa noche fue que Mario y algunos amigos estaban disfrutando una velada fabulosa en un bar, entre risas y anécdotas, y de repente estaba en una horrible escena de violencia. Todos habían bebido alcohol esa noche.

Escenario 2: Cuando María despertó, se aterró: se encontraba semidesnuda en una habitación que nunca había visto, al lado estaba recostado un hombre que no conocía, ¿o sí? Era evidente lo que había pasado ahí, pero ella en su memoria no tenía registro de cómo llegó a ese cuarto, a esa casa, ¡y con ese hombre! Su angustia era mayúscula al no saber la ubicación, su teléfono no tenía batería, ¿qué hora era?, y cómo saldría de ese cuarto. «¿Qué he hecho?», se preguntaba una y otra vez. En profundo silencio y con cuidado, se vistió, recogió sus pertenencias, cerró la puerta con mucho temor; ya en la calle, inspiró profundo al ver el sol y con un poco de calma, pero sin recordar aún, tomó un taxi, y en medio de una angustia indescriptible se dirigió a su casa. Empezó a recordar: ella estaba bebiendo con amigas la noche anterior, cuando un hombre atractivo se acercó al grupo de mujeres.

Escenario 3: «¡Contéstame!», le ordenaba su madre a Luis, casi un adolescente. Luis estaba detenido en la comisaría de policía. Arrestado con un grupo de amigos que habían decidido entrar a la tienda de comestibles a buscar más alcohol y golosinas; después, una nube, no recuerda más, hasta tener frente a él a su madre colérica y llorando. «¿Qué has hecho?».

Los tres escenarios describen un *blackout* o apagón de memoria.

¿Qué es un *blackout*?

Es la incapacidad para recordar eventos que ocurrieron en nuestra realidad durante un episodio de consumo de alcohol, es decir, una absoluta incapacidad memorística durante o después de ingerir bebidas alcohólicas. Los apagones de memoria no implican la pérdida del conocimiento, sino que consisten en el efecto perturbador de ingerir alcohol sobre la formación de recuerdos; vemos pasar escenas, eventos o experiencias y de repente sentimos que despertamos sin capacidad de recordar nada o de retener información reciente, aunque aún estemos en el escenario o con las personas involucradas; es la sensación de «tiempo perdido», «aprensión», «angustia» por preguntarnos: ¿Qué sucedió? ¿Qué hice? ¿Qué pasó?

Durante el *blackout* los bebedores de alcohol son capaces de mantener conversaciones razonables, ejercicio físico y participar en actividades elaboradas. Mientras beben, las personas pueden tener una conversación lógica, caminar, conducir un vehículo y de repente asombrarse de haberse perdido en el tiempo.

Este es un síndrome de amnesia global transitoria en el que se desarrolla la incapacidad para retener información nueva. No es necesario estar completamente ebrio para tener un apagón.

¿A quiénes les sucede con más frecuencia?

A las personas que beben alcohol, y se asocia con:

- datos de desnutrición
- bajo peso y talla
- durante esfuerzos extremos o después de estos
- insomnio prolongado
- una alta tolerancia al alcohol
- cuando se tiene el estómago vacío
- antecedentes de traumatismo craneoencefálico
- pacientes que ingieren benzodiazepinas
- consumo de marihuana
- ingesta de alcohol a edades tempranas, como la adolescencia
- mujeres jóvenes con antecedentes de abuso sexual
- si durante el embarazo la madre ingirió alcohol, ahora sus hijos son más susceptibles
- genes de la enzima que degrada al alcohol: alcohol deshidrogenasa, de baja actividad, lo que hace que poco alcohol tenga más efecto

¿Qué sucede en el cerebro en un *blackout*?

El alcohol afecta distintas funciones cerebrales a diferentes velocidades, poco a poco tanto el rendimiento cognitivo como el de la memoria se ven afectados de manera desigual por la concentración de alcohol en sangre ascendente.

La memoria episódica o de reconocimiento se ve particularmente afectada. El alcohol reduce de forma selectiva la codificación de los aspectos cualitativos de un evento que contribuyen a la experiencia de recuerdo. Anatómicamente, la ingesta progresiva de alcohol reduce la activación prefrontal derecha (no se codifican los objetos, caras, nombres), se interrumpe la activación bilateral de los hipocampos; es decir, la memoria y el reconocimiento en serie se desconectan. En el hipocampo, en especial en el área CA1, los códigos neuronales se modifican, la memoria cambia, no se activan las redes neuronales de captura. El alcohol tiene varios y diversos efectos en el cerebro: cambia la secuencia de liberación de la serotonina y de la endorfina, así como de la norepinefrina y la acetilcolina, e incrementa la actividad de la dopamina a bajas dosis. Al incrementarse el alcohol en la sangre aumenta la inhibición de la corteza cerebral y al aumentar la actividad del GABA se reduce la función del receptor NMDA, por lo que el glutamato no activa diversas áreas cerebrales; estos dos efectos son los que bloquean en secuencia la memoria. El ritmo neuronal theta, que se comporta como un filtro cognitivo, se pierde por el alcohol. En otras palabras, el alcohol no permite la adquisición de información, por lo que no consolida lo que sus ojos y oídos capturan. Se pueden recordar algunas cosas del pasado, y, sin embargo, que pase inadvertido lo más reciente. No hay código de registro/codificación, por lo que no se interpreta, y por lo tanto no hay consolidación de los hechos en nuestra memoria: se viven las experiencias sin registro en la memoria.

Diferentes tipos de *blackouts*

Se han distinguido dos tipos de apagones de memoria:

De tipo completo o «en bloque», o incapacidad total para recordar eventos, no está clara la situación, pero en circunstancias sin alcohol el evento habría sido memorable.

De tipo parcial o fragmentario, donde la pérdida de memoria es incompleta y es posible recordar algunos detalles con el tiempo. Estos son los más frecuentes.

Datos importantes de los *blackouts*

Los *blackouts* son más frecuentes por la noche y los fines de semana, ya que la ingesta de alcohol se asocia a factores sociales como fiestas y reuniones.

Son más comunes en celebraciones de tipo colectivo, con amigos o familia.

Son más frecuentes en jóvenes, esto puede guardar una predicción de daños neuronales relacionados con el alcohol.

Durante mucho tiempo se pensó que el alcohol ejercía un efecto depresor general sobre el cerebro. Ahora se sabe que solo afecta a regiones específicas selectivamente vulnerables a sus efectos agudos.

Entre el 35 y el 40% de las personas que beben alcohol alguna vez han experimentado un *blackout*.

¿Hay algo que evite que esto suceda?

El adagio básico de la neurociencia: cuanto menos alcohol, mejor.

El café: la cafeína y agentes relacionados incrementan la actividad del receptor de adenosina A2A y la acción de la enzima fosfodiesterasa, lo que incrementa la actividad de las neuronas corticales. El café nos despierta, pero no evita que cometamos errores.

Si se consume alcohol, no debe hacerse rápido ni en ayunas, sino con moderación y controlando las dosis.

Aunque no es una regla como tal, un *blackout* puede llevar a otro.

LECCIÓN 70

Diabetes y neuronas periféricas

El cerebro es el órgano con el que pensamos, memorizamos, nos adaptamos a este planeta y proyectamos nuestra vida en el futuro. Constituido por neuronas, el cerebro tiene una capacidad de comunicación a través de neurotransmisores, hormonas, péptidos y sustancias que, siendo ajenas a él, también pueden cambiar la función neuronal.

Nuestras neuronas dialogan de manera inmediata y constante con los sistemas inmunológico y endocrino. El resultado de esto puede inducir, ante una inadecuada actividad de adaptación de nuestras neuronas, a un problema y generar una inmunosupresión por una depresión o, en su defecto, un incremento de los niveles de glucosa en la sangre; es decir, el cerebro puede cambiar la actividad inmunológica o alterar el equilibrio de nuestro organismo por modificar la liberación de nuestras hormonas.

¿Qué es la sustancia P?

La sustancia P es un neuropéptido pequeño compuesto por 11 aminoácidos, del grupo de las taquicininas, relacionado con neuronas sensitivas y el mantenimiento de la presión arterial. Esta sustancia está directamente relacionada con la motilidad intestinal, el procesamiento de dolor, la inflamación en el abdomen y la vasodilatación; además, la sustancia P puede ser un neurotransmisor, en su defecto neuromodulador (cambia la función de otro neurotransmisor de manera indirecta) o incluso puede ser una hormona. La diferencia entre una hormona y un neurotransmisor es que la hormona viaja por la sangre y sus efectos se producen a distancia; en cambio, el neurotransmisor solo se queda en el espacio sináptico, en medio de las neuronas, con actividad en la membrana postsináptica.

En los nervios periféricos, aquellos que llegan a las glándulas y las inervan, se liberan sustancias P, el sistema nervioso autónomo cambia la actividad del hígado, el páncreas y las glándulas suprarrenales, para que estas y sus hormonas se adapten de manera adecuada a la actividad cotidiana.

El páncreas y la diabetes

En condiciones fisiológicas, el páncreas libera insulina cuando ingresa a nuestro cuerpo glucosa, es decir, cuando comemos algún alimento. Con ello la insulina permite la entrada de la glucosa al hígado, a los músculos y al tejido adiposo. Se busca garantizar la formación de energía, y cuando se tiene un exceso, se almacena como glucógeno. Sin insulina la glucosa no ingresa a las neuronas, lo cual inicia un deterioro celular, una emergencia metabólica. En un proceso crónico, la enfermedad de la hiperglucemia se llama diabetes. En los pacientes con altos niveles de glucosa, por encima de

180 mg/dl, el riñón no puede reabsorber su filtración, por lo que al ser osmóticamente activa, la salida de glucosa se acompaña de líquido, y de ahí que una persona que inicia su diabetes puede presentar las tres P: 1) poliuria (orinar mucho); 2) polidipsia (tomar mucha agua por la sed extrema, porque pierde volumen y tiene deshidratación celular); 3) polifagia (comer en exceso), lo que se debe a que el hipotálamo da la orden de comer porque no detecta la presencia de glucosa, que si bien sí está circulando en la sangre, no puede entrar en la célula debido a que no hay insulina.

Sustancia P, páncreas y diabetes

El páncreas tiene una gran inervación de nervios periféricos que le están liberando sustancia P; se ha identificado que en la diabetes disminuye la cantidad de sustancia P y entonces la liberación de insulina se reduce; en contraste, el aporte de pequeñas cantidades de sustancia P restablece adecuadamente los niveles de insulina, ya que el páncreas con poca sustancia P incrementa su función durante semanas y meses. Esto abre una nueva línea de estudio en la neuroendocrinología.

De manera interesante, el aporte de sustancia P para el manejo de la diabetes puede ser un tratamiento coadyuvante para su control y también otorga una nueva discusión sobre su origen: casi el 80% de los diabéticos presentan antes del inicio de la enfermedad alteraciones en la actividad de su sistema nervioso central: estrés, emociones intensas, preocupaciones, trastornos relacionados con la conducta, ansiedad, irritabilidad, que poco a poco se convierten en los detonantes de la aparición clínica de la diabetes. Es posible que en un principio estas sean las causas de los cambios de la sustancia P en las terminales nerviosas que llegan al páncreas.

LECCIÓN 71

¿Qué es la barrera hematoencefálica?

Una barrera efectiva que no es perfecta

El cerebro tiene una protección para sustancias peligrosas y de agentes patógenos. Una barrera que es selectiva, pero que también puede verse afectada. Una barrera que le otorga selectividad a medicamentos y diversas sustancias, pero que también impide la entrada de moléculas nocivas: evita, por ejemplo, que las bacterias y los virus lleguen al cerebro. Esta barrera es selectiva para procesar factores que ayuden al cerebro y al sistema inmunológico.

La barrera hematoencefálica es una suma de varias células, está hecha a partir de células endoteliales (de la misma arteria), es decir, de la pared del vaso, que tienen una unión diferente al llegar al cerebro, además de unas células especializadas que se llaman pericitos y de otras células que ya son parte del sistema nervioso central, que no son neuronas, pero que intervienen en el metabolismo de todo el cerebro y los astrocitos. Esto es, la barrera hematoencefálica está hecha por tres diferentes tipos de células. Además, dicha barrera tiene una gran cantidad de transportadores, proteínas selectivas que se utilizan como seleccionadoras de lo que pasa al cerebro y de lo que no, para después liberarlas hacia el espacio donde se encuentre la neurona.

La barrera hematoencefálica está relacionada con funciones inmunomoduladoras y factores de crecimiento.

Esta barrera es permeable al oxígeno y dióxido de carbono, aunque, paradójicamente, también la pueden atravesar sustancias nocivas, como la nicotina, la heroína, el alcohol o el éxtasis. Es impermeable a la gran mayoría de proteínas que están en la sangre. Cuando la barrera hematoencefálica es atravesada, el proceso de selectividad se pierde gradualmente, como un caballo de Troya cuando el enemigo la atraviesa, y así la barrera va modificando poco a poco su permeabilidad, es decir, que cuanto más se la engañe y cuanto más permeable se haga a ciertas sustancias a las que antes no lo era, más pasan estas hacia el cerebro. Muchos patógenos como bacterias y virus pueden hacer vulnerable la barrera, dejando entrar de manera paralela lo que antes no podía atravesarla, con lo que se inician los trastornos.

El sistema inmunológico puede modificar la barrera hematoencefálica, razón por la cual algunas enfermedades autoinmunes terminan destruyendo la mielina de nuestras neuronas. Esto no sucede normalmente, pero al ingresar los macrófagos y los linfocitos T al cerebro —algo que no debe producirse—, si la barrera está lesionada, se inicia la desmielinización.

Para que un medicamento pueda atravesar la barrera hematoencefálica, debe ser menor de 500 daltons, es decir, moléculas pequeñas de características liposolubles; ¿cómo es posible que moléculas incluso más grandes que los neurotransmisores atraviesen la barrera hematoencefálica? La respuesta es simple, se debe específicamente a que saben camuflarse y unirse a proteínas de transporte, la más común de las cuales es la glucoproteína P. Esto explica por qué un neurotransmisor que se inyecta en la vena no atraviesa la barrera hematoencefálica y medicamentos más grandes sí lo hacen.

LECCIÓN 72

La ludopatía en el cerebro de hombres y mujeres

¿Qué es la ludopatía?

La ludopatía es el trastorno patológico de la adicción al juego de apuestas o a los juegos de azar, en los cuales se apuesta y planifica actividades con dinero con el deseo de tener una ganancia monetaria inmediata. La ludopatía es un trastorno adictivo caracterizado por un comportamiento persistente y recurrente. La persona quiere ganancias inmediatas a pesar de que exista un riesgo latente de perder; el ludópata es incapaz de resistirse al impulso de jugar, lo que puede llevarlo a movilizar grandes cantidades de dinero o, incluso, con mucha frecuencia a la quiebra de su economía. En el curso temporal de los hechos aparece la pérdida del trabajo y diferentes tipos de delitos (robo, fraude o desfalcos).

La conducta es repetitiva, nociva, lo cual poco a poco lleva a la persona a perder las riendas de su vida, a sentirse perseguida y con una gran carga de culpa. La persona con ludopatía no obtiene placer con otras cosas. Como cualquier otra adicción, se desensibiliza una ganancia, niega que se tenga el problema, la conducta del juego se convierte en algo fundamental e importante en su vida, se aísla de las relaciones interpersonales y tiende a jugar sumas de dinero cada vez más grandes. Es un hecho que intenta recuperar el dinero perdido jugando más, y puede llegar a manifestar síntomas de depresión y tendencias suicidas si no arregla el problema.

El perfil de la ludopatía en el varón y la mujer es diferente

En la mujer, el trastorno se caracteriza por una preferencia a utilizar máquinas tragaperras, jugar a la lotería o al bingo. Su principal motivación es utilizar el juego de apuestas para afrontar problemas personales o debido a un trastorno de ánimo como comorbilidad. La mujer ludópata es comúnmente introvertida, asocia depresión primaria, sintomatología ansiosodepresiva y tiene antecedentes de haber sufrido abuso en la infancia. Suele empezar a jugar de manera tardía, es decir, después de los 25 años, pero su progresión en la adicción al juego es mucho más rápida. La mujer ludópata suele asociar episodios de bulimia, problemas psicosomáticos y depresión; es solitaria y tiene actitud de vergüenza ante el problema.

La ludopatía es una estimulación constante del área tegmental ventral, el núcleo accumbens y el área prefrontal. Es una adicción progresiva e irreversible cuando es crónica. La dopamina se incrementa con tan solo creer la posibilidad de ganar dinero con un factor muy simple: la intuición. El principal problema es que el ludópata no se ve como enfermo o con un trastorno, cuando en realidad su cerebro demanda dopamina de la única manera que él cree que merece la pena: ganando a través de apuestas.

Los varones suelen apostar con más frecuencia a resultados de partidos de fútbol, carreras de caballos u otras competiciones deportivas. Al varón, ganar le hace sentirse poderoso. Cuando gana dinero, es impulsivo y busca sensaciones nuevas a través de otras estrategias y juegos. Comúnmente, el varón ludópata también abusa del alcohol, las drogas, el tabaco y tiene conductas antisociales. Su progresión es lenta, pero empieza a jugar desde edades muy tempranas, incluso desde la adolescencia. Los varones también suelen tener más problemas con la justicia, conductas temerarias y depresión asociada. Por lo general, sus actitudes son activas y arrogantes.

LECCIÓN 73

El poder neurobiológico de la sonrisa

La sonrisa es la expresión de la dopamina, oxitocina, serotonina, noradrenalina y beta-endorfina en nuestro cerebro. Es la expresión de la actividad de 17 músculos en nuestra cara y del estado de ánimo de nuestras neuronas. Antes de los 25 años, el ser humano ríe al día 300 veces; después de los 50, solo llega a reír entre 80 y 100 veces al día. Sonreír tiene el poder de disminuir en menos de 2 minutos el cortisol y aliviar el estrés. Socialmente la sonrisa abre la comunicación, baja la resistencia y la tensión social.

La sonrisa tiene un excelente efecto en la memoria y en favorecer las relaciones humanas, los rostros sonrientes se retienen más en nuestros recuerdos comparados con las caras que no expresan emoción o muestran enfado.

Cuando una persona llega por primera vez a nuestra vida y nos sonríe, el impacto de las primeras palabras es mucho más fuerte debido a la sonrisa. Se activan más áreas cerebrales, pero en ambos cerebros, la liberación de dopamina se genera y en consecuencia se presta mayor atención a la cara y los detalles del mensaje de la voz. En condiciones de altos niveles de dopamina, la memoria se activa.

Estudios con resonancia magnética muestran que una sonrisa activa en menos de 500 milisegundos zonas de neuronas relacionadas con el aprendizaje, específicamente se activan la región orbitofrontal y el hipocampo. Además de agrupar la actividad de la amígdala cerebral. El cerebro humano es extraordinariamente sensible a las señales sociales positivas, a la voz humana y a la prosodia de nuestras palabras. Una sonrisa tiene la capacidad neurobiológica de disminuir el temor, reducir la sensación de miedo o cambiar las condiciones para limitar el estrés; por ello, las personas sonrientes tienen asegurado interactuar mejor con los demás y suscitar mayor atención de estos.

LECCIÓN 74

Olvidar es importante

¿Te has equivocado al meter la contraseña de tu correo electrónico?, ¿has olvidado el pin de la tarjeta de crédito?, ¿le has confundido el nombre a una persona de manera involuntaria? o ¿no encuentras el lugar en donde aparcaste el coche después de salir del centro comercial? No deberías preocuparte mucho de nada esto, que en realidad no es una demencia como tal; siempre que solo te ocurra de forma esporádica, se debe a que tu cerebro está activando varias cosas al mismo tiempo. Esto indica que la memoria a corto plazo se está modificando. El olvido es parte del proceso de consolidar memoria, por más contradictorio que se lea y se entienda, es necesario contrastar fisiológicamente el olvido de la memoria.

Los niveles de estrés, ansiedad, glucosa y ausencia de sueño envuelven directamente el estado fisiológico de nuestros recuerdos, la memoria disminuye ante cualquier estado que dista del estado en el que aprendemos. Cuando la memoria a corto plazo no sucede, se dificulta o se bloquea, ello se debe a que estamos utilizando neuronas para ejecutar otras acciones, y con ello excluimos, por momentos, los datos o factores memorísticos; el cerebro establece un criterio jerárquico y siempre estará a favor de los hechos o informaciones más relevantes.

La memoria a corto plazo es manipulable en la información que recibe, se facilita al inhibir la construcción y ejecución de la memoria a largo plazo cuando ambas se activan en paralelo, es decir: para la memoria siempre es mejor una sola cosa a la vez. Por eso hay momentos en que si bien nos acordamos de algo, nos cuesta trabajo traer una información más valiosa. Necesitamos tener un sustrato neuronal lo suficientemente tranquilo y motivado para ejecutar ambas memorias con lucidez.

Uno de los ejemplos más característicos de esto es cuando el cerebro hace un filtro de información de manera inconsciente, es decir, involuntario; sin saberlo, por momentos eliminamos recuerdos no deseados, que carecen de importancia o cuya información no es utilizada con frecuencia. Tras estudiar a las neuronas con resonancia magnética, se ha identificado que la corteza prefrontal cambia, se regula con el hipocampo si forzamos la memoria. Esto indica que la detección y la resolución de conflictos varía cuando obligamos a las neuronas a recordar cosas importantes como fechas, nombres, una palabra específica; en estos casos, el esfuerzo es tanto que la corteza prefrontal impide de manera voluntaria traer la información porque se está utilizando la neurona como en un estado de alarma o estrés; en contraste, las cosas que son irrelevantes hacen que el esfuerzo neuronal sea menor. Por esta razón, los recuerdos se pueden olvidar por una necesidad, la cual indica claramente que lo más importante es lo que impera en la atención y el seguimiento de los detalles; este proceso contribuye a conservar energía y mejorar eficiencia en nuestras neuronas.

Olvidar ayuda al cerebro, no es una patología, ayuda a retener los detalles importantes en el momento necesario.

LECCIÓN 75

El orden de nacimiento y el cerebro

Alguna vez te has preguntado si de haber tenido más hermanos, ¿tu personalidad sería la misma? Si eres hijo único, ¿cómo habría sido la experiencia? ¿Cómo es la experiencia de la vida con varios hermanos? Nacer, crecer y retroalimentarse del seno de una familia es importante para la construcción de la personalidad.

Las conexiones neuronales, la personalidad, la manera como enfrentamos los problemas, algunos trastornos psiquiátricos, lo que nos gusta y llevamos a cabo como interacción personal… depende de la familia de donde venimos, del número de hermanos que tenemos, de la edad y el lugar que ocupamos. Somos responsables de la familia que hacemos, no de la que venimos.

Se ha identificado que los primogénitos tienen evaluaciones intelectuales más elevadas que los hermanos menores: comúnmente suelen tener un desarrollo académico mayor comparado con los hermanos que están en segundo lugar. Si el hermano mayor fallece a una edad temprana, los hermanos nacidos en el segundo lugar muestran mayor inteligencia a lo largo de la vida. En ciencia no hay determinismos, esto no quiere decir que sea una regla, pero es importante considerar que el número y lugar que tenemos entre los hermanos puede influir en la construcción de nuestra personalidad.

Suele suceder que los hermanos mayores orienten, enseñen e influyan en los menores, y esto hace que se consoliden de una manera distinta muchos de los aprendizajes que en edad temprana los mayores no tuvieron, contrastando con la facilidad que sus hermanos en otras etapas de la vida tienen. Esto comúnmente facilita su información, pero también puede tergiversarla.

Los hermanos mayores tienen más probabilidades de terminar una educación profesional y reciben en promedio hasta 40 minutos al día más de tiempo de calidad con sus padres comparado con los hijos que nacieron después. Los que tienen más años presentan más creatividad respecto a los hijos nacidos después de ellos. Se ha identificado que, en las familias con cuatro o cinco hijos, el hermano mayor tiene una mayor probabilidad de tener tumores cerebrales al avanzar su edad en promedio después de los 30 años.

Los hermanos menores suelen ser más alegres y divertidos. Cuando se tienen hermanos varones, se ha abierto la probabilidad de que el menor sea homosexual, la hipótesis indica que son mayores los factores psicológicos y sociales que influyen y, a su vez, un factor biológico asociado es que los niveles de testosterona en el vientre materno pueden estar involucrados, ya que disminuyen en comparación con el primer embarazo.

LECCIÓN 76

¿Cómo de presumido eres?

Todos los seres humanos experimentamos culpa, vergüenza y envidia; estas emociones y experiencias las aprendemos en las primeras etapas de la vida. Esto tiene un proceso evolutivo, ya que el hecho de sentirnos superiores o con mejores recursos dentro de un grupo nos dota de ventajas básicas que nos ayudarán a encontrar compañeros y alimentos y a reproducirnos mejor.

La gran mayoría de nosotros nos esforzamos por lograr éxitos cuando competimos, cuando estudiamos o en la experiencia de la vida cotidiana. Existen parámetros de comparación con los demás sobre los cuales están basadas nuestras metas, la tendencia a desarrollarnos socialmente; la envidia y la satisfacción por superarnos y… también a los demás. Sentir que ganamos o que somos mejores es adecuado, no es un trastorno neuronal. Pero es importante reconocer que cuando nos comparamos con pares o personas que están compitiendo con nosotros, las sensaciones de alivio, satisfacción y arrogancia se incrementan tres veces más que cuando disfrutamos de un logro de manera solitaria.

Al cerebro no le parece tan atractivo sentirse feliz disfrutando solos de un éxito como experimentar ese disfrute frente a personas similares a nosotros, de características psicológicas semejantes, en condiciones sociales iguales, a las que les hacemos saber del enorme placer de vanagloriarnos a nosotros mismos. El sentir alegría que contrarreste la envidia de los demás es un placer de la vida que el cerebro celebra mucho, es decir, comparar los resultados y éxitos propios con los de otros intensifica el alivio, la alegría y la sensación de poder: yo sí pude, tú no.

El origen de todo esto se encuentra en la actividad entre el sistema neuronal de los reforzamientos, también conocido como de recompensa, y la relación que tiene la corteza orbitofrontal con los ganglios basales. La intensidad de la alegría de saberse único, privilegiado o exitoso es mayor que la gran mayoría de las emociones que genera el cerebro. Es un deleite neuronal sentirse superior cuando se compite, porque en el fondo da la sensación de que se presenta el proceso aprendido cognitivo de querer tener siempre la razón.

LECCIÓN 77

A punto de olvidar o de recordar

Te lo iba a decir, pero se me fue, espera..., lo tengo en ¡la punta de la lengua!

El cerebro recuerda lo que quiere, en realidad omite lo que no le preocupa, aunque sea importante. La gran mayoría de las palabras que se nos olvidan u omitimos las sabemos, pero no las utilizamos con la regularidad que los grupos neuronales de atención y memoria entienden; los significados y la prosodia son fundamentales para memorizar. Para que una palabra se entienda y reconozca, las neuronas deben darle un proceso fonológico e interpretativo, pues si bien no existe una unidad específica de palabras, sí hay en nuestro cerebro un grupo de neuronas que conecta fonemas y significados. Las áreas del hemisferio izquierdo: frontal inferior (Broca) y temporal superior (Wernicke) se asocian con la actividad del hipocampo y la amígdala cerebral, para realizar las asociaciones y emociones. Se ha identificado una red de neuronas (ínsula) que debe ajustar y generar el cierre del proceso de recordar palabras específicas: esta red también puede procesar el dolor físico y moral, además de reconocer sonidos. Cuando una persona tiene lesión o disminución de la mielinización o pérdida neuronal de la ínsula, se inicia el proceso de errores al recordar una palabra, con la firme y contundente idea de que sí se sabe y en breve se recordará.

El envejecimiento se acompaña de cambios en la zona de la ínsula. Entendemos que cuando una palabra, un sonido, un número o una ecuación no se usan, se debilitan las conexiones neuronales. Si además el proceso no se fortalece y existe una condición de estrés constante, miedo o dolor crónico, olvidar palabras nos irá ocurriendo gradualmente con mayor frecuencia. Ante esto, no cabe duda de que leer y aprender algo nuevo cada mes es fundamental para tener una ínsula izquierda funcional.

LECCIÓN 78

Detrás de la sustitución... de un hijo

Stendhal, gran diplomático y escritor francés representante del realismo moderno, autor de *Rojo y negro* y *La cartuja de Parma*, dio paso a una nueva narrativa. Van Gogh, pintor postimpresionista holandés, capturó la atención de toda una generación y sedujo a la humanidad. François-René de Chateaubriand, diplomático, político y escritor francés, fue considerado el fundador del romanticismo en la literatura francesa. Salvador Dalí, maravilloso pintor, escultor, grabador, escenógrafo y escritor, se convirtió en el máximo representante del surrealismo. Ludwig van Beethoven fue compositor, director de orquesta, pianista y profesor de piano.

¿Qué tuvieron en común los antecedentes de vida de Stendhal, Van Gogh, Chateaubriand, Dalí y Beethoven? Todos, siendo genios, creativos y extravagantes personas, fueron hijos sucesores o sustitutos.

Todos tuvieron un hermano previo a su nacimiento, un hermano que murió y cuyo nombre ellos recibieron. Todos nacieron casi un año (excepto Chateaubriand, que nació 10 años más tarde y Dalí 7) después del deceso de su antecesor. A todos ellos sus padres decidieron ponerles el nombre del niño fallecido para honrar su memoria y como un culto vitalicio. Retomaron el nombre del niño muerto y así remplazaron la existencia en la familia del ausente.

Desde la perspectiva psicológica, supone un proceso de sustitución: el hermano ocupa su puesto. Además, el lugar es importante cuando el primogénito fallece, ya que este otorgó cambios neuroanatómicos en la madre, en especial en la reorganización del hipocampo y la corteza prefrontal, con un importante incremento de oxitocina.

En ocasiones la muerte de un niño de tan corta edad genera tanta culpa en los padres —sobre todo en la madre, cuyo apego es mayor por los altos niveles de oxitocina— que la desesperación lleva a estos actos, a ver en el nuevo hijo la ocasión para eximir de culpas y dolor previo.

No es un proceso adecuado para la salud mental, pero explica el hecho de que un adulto, debido a su nivel de culpabilidad y en busca de identidad, crea que el niño sustituto es el otro, y lo reduzca a ser el mismo ante la mirada de la madre. Esto, en un marco de confusión, tristeza y desesperación, es el inicio de muchos trastornos de la personalidad de los padres y el hijo sustituto. De esta manera, con la forma de generar apegos y la necesidad de crear una identidad, el hijo sustituto lucha también contra una culpabilidad ajena a él, lo que puede llegar a un punto terrible: pensar que se vive la vida de otro y, en consecuencia, sentirse culpable de ocupar un lugar que no le corresponde; si el hermano viviera, él no estaría ahí, por lo que no hay razón de su existencia. La construcción de esta personalidad tarde o temprano desemboca en un problema de salud mental. Cuando la madre se sabe embarazada nuevamente, el proceso de gestación se vive con ansiedad, estrés y angustia. El miedo constante de perder otra vez una vida tiene en común el incremento de cortisol de manera recurrente. Esto influye negativamente en la organogénesis del cerebro del bebé, también marca la relación y el establecimiento de apego entre ambos para toda la vida del niño. El dolor marca la vida de varias personas en la familia, pero en especial la del niño. La relación de los padres entre ellos y con él, así como el dolor moral no resuelto afectan de forma negativa en los hijos. Estar inmerso en el duelo genera desesperación y desolación ante lo cotidiano de la vida, probablemente en forma de trastorno de la personalidad en el hijo. Los grandes genios aquí mencionados son la imagen perfecta de una inadecuada forma de vivir y de llevar sus pasiones ocultas como la experiencia de vida envuelta en un trastorno.

LECCIÓN 79

Enfado y sueño

En este mundo nos han dicho que no nos enfademos, que no es adecuado. A los gruñones los señalan como personas poco sociales o inadaptados. Sin embargo, la neurociencia indica que quien suele enfadarse tiene algunas ventajas: reconoce más rápido las mentiras, no resulta fácil de engañar y suele ser más meticuloso. Uno de los principales factores que deben considerarse es que el cerebro desea tener la razón; creerse objetivo le otorga sensación de poder, disfruta más lo que realiza. Enfadarse libera noradrenalina, dopamina y en una fase tardía también endorfina y cortisol, así que, sí, el cerebro puede llegar a disfrutar de enfadarse o pelear.

Enfadarse no es inadecuado, sino una emoción que marca socialmente nuestra adversidad, la cual puede ser o no válida. Dentro de la subjetividad de cada persona, nadie es malo en su propia película. El enfado genera sesgos cognitivos, solo vemos lo que queremos ver y memorizamos lo que nos conviene. El cerebro enfadado activa más de 25 áreas, solo el miedo y el llanto le ganan en activar tantas redes neuronales y módulos; esto indica que el cerebro consume más glucosa y oxígeno, por lo que debe adaptarse gradualmente. Enojarnos nos hace prestar atención, cambiar la velocidad de pensamiento, buscar alternativas, alterar la secuencia de los hechos o participar en la opinión y la palabra; pero cada cerebro obtiene sus beneficios de discutir, enfadarse o concentrarse en algo.

El enfado no debe durar en activación neuronal más de 40 minutos en un adecuado marco de salud mental, antes de este tiempo la corteza prefrontal regresa y mide los niveles de los límites que se pierden o los posibles riesgos de seguir teniendo esa conducta. Es decir, enfadarse durante más de este tiempo refleja una inadecuada salud mental. Socialmente se hace necesario dignificar el enfado, en un adecuado marco; saber que enfadarse es sano durante un tiempo pertinente, pero que, pasado este, se deben comunicar y entender las causas; negar el enfado es inadecuado para el cerebro, el desafío es saberse calmar sin decir nada.

Enojarnos nos hace consumir más energía y cansa. Privarnos de sueño nos hace aún más irritables, una persona enfadada sin dormir se convierte en una amenaza. La amígdala cerebral es más activa y la corteza prefrontal no la regula adecuadamente. El agotamiento es un mal consejero social, ya que hace menos afables a las personas. El mal humor se potencia ante una jornada larga de trabajo o días en tensión emocional y física. Cansado y con hambre se discute más. Comer no significa que nos enfademos menos, pero dormir, descansar, sí disminuye el mal humor. Una siesta de una hora es suficiente para que la corteza prefrontal regule el sistema límbico. La música que nos gusta disminuye la agresividad, ya que puede activar mejor el prefrontal con la corteza temporal. Bailar es la mejor terapia social para calmar a las masas enojadas. Así que la pregunta es ¿dormir me quita el enfado? Tal vez no, pero nos adapta más rápido al problema y nos otorga objetividad. Decir más «entiendo tu enfado», y respetar el tiempo, ayuda a encontrar mejores respuestas y soluciones a las discrepancias.

LECCIÓN 80

Olfato y salud mental

Oler

El olfato es el sentido menos valorado, pues lo consideramos básico y sin importancia. Sentimos que la vida es complicada sin escuchar o ver. Perder el tacto sería un problema, pero nos acostumbraríamos a ello. No saborear, tal vez lo soportaríamos, pero oler, subjetivamente, lo consideramos un sentido sin tanta importancia.

El olfato es importante para comer, tranquilizarnos, divertirnos, excitarnos, detectar un peligro (olor a gas) o incrementar la memoria; es difícil olvidar el olor de un bebé, de una persona, de un perfume.

El olfato es una herramienta para entender el funcionamiento de nuestro cerebro. Es el único sentido que entra al cerebro para generar la sensación. Todos los demás sentidos tienen que pasar por el tálamo, sitio de relevo neuronal. El olfato pasa directamente a la amígdala cerebral e hipocampo, de ahí que sea el detonante de emociones y el reforzador de recuerdos.

El olfato y la memoria están íntimamente ligados en la anatomía y la fisiología. El olor codifica recuerdos. Oler nos ayuda a asociar elementos de aprendizaje con más énfasis. Las personas que realizan aromaterapia suelen tener mejor puntuación de memoria y recuerdan con más detalles pasajes de su vida o incluso los elementos básicos de la ubicación dentro de su casa. El aroma reactiva memorias.

Recientemente, publicaciones de nuestro grupo de trabajo muestran que las neuronas olfatorias pueden cultivarse y estudiarse fuera del cerebro con una eficiencia técnica cuantitativa. ¿Sabías que las neuronas del olfato pueden ayudar a identificar si existen enfermedades neurodegenerativas? El alzhéimer (un tipo de demencia: olvidos) y el párkinson (movimientos involuntarios debidos a la pérdida de la sustancia negra de las neuronas y una consecuente disminución de dopamina) tienen una característica común: las neuronas olfatorias mueren o son disfuncionales. Una prueba simple ayuda a detectar la pérdida del olfato, y actualmente sabemos que las neuronas cambian sus canales de calcio. Lo que constituye un gran avance es que se puede hacer de manera rápida un diagnóstico precoz que ayude a cuantificar el alzhéimer, la esquizofrenia o el párkinson a través de una prueba simple de olfato, y en un futuro mediato sabremos cuántos canales de calcio se van alterando como marcador de una enfermedad neurodegenerativa.

LECCIÓN 81

La tríada oscura de la personalidad

En nuestra sociedad hay personajes que demuestran violencia psicológica: incumplen normas, engañan, mienten constantemente; solemos considerarlos como enemigos públicos, vecinos arrogantes o personas problemáticas. Estos personajes tienen en común colocar sus propios objetivos e intereses sobre los de los demás, y sienten placer por el hecho de hacer daño o aprovecharse de otros.

Hay personas cuya personalidad es muy negativa, hostil, prepotente y aversiva, que no demuestra sentimientos de culpa o vergüenza, y cuyas justificaciones y excusas son a veces tan inverosímiles que nos hacen entender que no se comportan de manera premeditada.

Las personas que anteponen sus deseos y opiniones suelen ser impulsivas, agresivas y desarrollar comportamientos egoístas, poco éticos, y justificaciones constantes.

Una persona maquiavélica es aquella que tiene actitudes manipuladoras, insensibles y cree firmemente en que los fines justifican los medios. En cambio, la psicopatía manifiesta una nula empatía y un bajo autocontrol en la actitud hostil y evasiva cotidiana. Define la sensación de sentirse superior asociada con una extrema necesidad de recibir atención de los demás.

Una persona podría tener tres componentes en su personalidad: maquiavélico, psicópata y narcicista; llegan tarde, acosan a sus compañeros, cometen robos y tienden a la infidelidad.

Estos trastornos de la personalidad también pueden manifestarse por separado. La personalidad psicópata es egoísta, quienes la tienen solo ven su beneficio inmediato, son tercos, irritables y no aceptan las críticas. Son hábiles para engañar, planificar, impulsivos y agresivos; son hipócritas y codiciosos. Además, puede darse una manifestación extrema en sus conductas: cuando en ellos los aspectos de la psicopatía son más fuertes, los individuos parecen ser impasibles bajo presión y suelen generar una imagen competitiva. La parte en común del rasgo maquiavélico y psicópata es la sexual, algo que está más relacionado con la búsqueda de diversiones y placer.

Las personas con tríada oscura de la personalidad son arrogantes, ostentan y buscan poder. En ellas hay un común denominador: una infancia con ausencia de cariño y atenciones. Tienen pocos escrúpulos, mienten para obtener una ganancia secundaria o para incrementar sus cualidades.

Comúnmente estos personajes intentan sentirse superiores manipulando circunstancias y buscando destrozar la reputación de los demás. En su búsqueda de reconocimiento y admiración intentan hacer todo de manera práctica.

LECCIÓN 82

Piensa rápido

¿Qué haces cuando todo va mal? ¿Cuando tienes prisa? ¿Se terminó el dinero? ¿Recibiste una muy mala noticia? El resultado: emociones que perduran por mucho tiempo, como desánimo, tristeza, enfado o arrepentimiento. A veces el tratar de pensar algo agradable puede empeorar la primera emoción. Algunos profesionales indican que hablarlo es una primera opción para el manejo terapéutico. Datos de nuestras investigaciones muestran que las respuestas neuronales se producen de una en una, al menos en el hipocampo y la corteza cerebral. Intentar gestionar varios estímulos al mismo tiempo termina por abolir la atención y la manera de aprender: un estímulo para cada respuesta, y de uno en uno.

Cuando se analiza qué es mejor para que un grupo de neuronas trabaje ante una mala noticia o un escenario negativo, el factor de pensar rápido, de ver varios escenarios mentales con rapidez mejora el estado de ánimo. Leer de manera rápida, tener la creatividad de decir o pensar posibles soluciones, pero a gran velocidad, mejora el estado de ánimo. El pensamiento veloz favorece la dopamina. Las ideas vertiginosas son más creativas. La idea apresurada con un objetivo nos hace tener energía.

Al realizar comparaciones entre grupos para resolver un crucigrama o sopa de letras, los que lo hacen con rapidez respecto a quienes lo hacen de manera pausada, los rápidos se divierten más. Pero en algunos trastornos de la personalidad, como la depresión, el trastorno bipolar o la ansiedad, la rapidez puede hacer estragos, ya que los detonantes se pueden evaluar con más fuerza y aversión. Un pensamiento repetitivo realizado de manera rápida tampoco es agradable para las neuronas, por lo que se recomienda variarlo, ya que, de lo contrario, puede incrementar la ansiedad. Si es claro, un pensamiento lento, pausado o desmotivado reduce la energía, la espontaneidad y la creatividad.

Esta información puede ayudar en un aula, en una oficina o en un campo de juego. Habrá que analizar también el sitio y las actividades que se llevan a cabo. Esto es tan evidente en nuestros días, que la velocidad con la que caminamos indica cuantitativamente la velocidad de nuestro pensamiento.

LECCIÓN 83

Mitos del cerebro

Lo que se cree

En la actualidad le podemos aplicar el prefijo *neuro* a cualquier situación, palabra, adjetivo o verbo y se convierte en un atractivo en el vocabulario de la neurociencia; podemos hablar de neuronoticias, neurofármacos, neuroaprendizaje, o neurointeligencia, etc. El campo científico está en paralelo expuesto a muchas creencias y pensamientos mágicos, los cuales a veces ponderan más que los hallazgos y cuantificaciones. Hay varios mitos en relación con el cerebro. ¿Cuáles son los más frecuentes?

Mito 1: ¿eres cerebro derecho o izquierdo?

Las pseudociencias indican que estamos determinados en nuestra personalidad por el hemisferio cerebral que predomina. Si somos hemisferio izquierdo, somos objetivos, analíticos y matemáticos; en contraste, si somos hemisferio derecho, somos músicos, creativos o soñadores.

Objetivamente, los seres humanos construimos nuestra personalidad por un lado con los aprendizajes, las experiencias, las memorias y por otro con el sustrato biológico que es nuestra neuroanatomía y neuroquímica; nada está determinado al azar, somos seres biológicos, psicológicos y sociales. El humano activa ambos hemisferios cerebrales. Es falso que cada persona tenga un hemisferio dominante para pensar y actuar en la vida. Lo correcto es que, efectivamente, si somos diestros, es que predomina el hemisferio izquierdo en nuestra actividad motora. Los seres humanos utilizamos ambos hemisferios cerebrales, el cerebro izquierdo está más relacionado con el lenguaje y los procesos cognitivos y el derecho se activa con mayor eficiencia si escucha música. Sin embargo, nuestro carácter, nuestra personalidad y nuestras conductas son la argamasa de la actividad de ambos hemisferios cerebrales por comunicación del cuerpo calloso (estructura que une anatómica y fisiológicamente a ambos hemisferios), en la medida en que el cuerpo calloso sea más grande la comunicación será más plural y diversificada.

Los artistas activan igual los dos hemisferios cerebrales, y lo mismo sucede con los deportistas. También cuando se realiza una actividad académica ambos cerebros deben estar conectados. La actividad eléctrica del cerebro depende directamente de la densidad de redes neuronales activas, de sus conexiones.

Cuando estamos despiertos, tenemos un ritmo de actividad neuronal de 12 a 33 ciclos por segundo o hercios (Hz). A esta actividad eléctrica del cerebro la denominamos ritmo beta; cuando nos relajamos y cerramos los ojos, generamos un ritmo alfa (8 a 13 Hz). Utilizamos el ritmo beta para generar procesos cognitivos: pensar, poner atención, hablar; en ocasiones, cuando escuchamos música, podemos llevar al cerebro a un ritmo todavía mucho mayor en actividad llamado ritmo gama (25 a 100 Hz). Hallazgos recientes indican que al meditar a través de *mindfulness* es posible generar un ritmo theta (3,5 a 8 Hz) en un estado consciente. Esto contribuye a conectar redes neuronales e inducir formación de mielina por parte de los astrocitos, actividad neuronal que puede disminuir los niveles de hormonas cortisol; finalmente, este ritmo puede hacer que una persona prácticamente desconecte la amígdala cerebral de los estados emotivos; por lo tanto, la actividad eléctrica del cerebro cambia la anatomía, la neuroquímica y la conducta. Esto muestra que no somos determinados a partir del nacimiento, sino que podemos cambiar; no somos producto de un cerebro dominante, sino de la actividad continua y diversificada de varias áreas cerebrales.

Mito 2: solo ocupamos el 10% de la capacidad cerebral

Tenemos la capacidad para conectar neuronas, reorganizar redes neuronales, aprender y reaprender; en el advenimiento de los hallazgos por los estudios de resonancia magnética funcional se identificó que no existen zonas cerebrales sin utilizarse, tenemos un hermoso cerebro que funciona cuando estudiamos, recordamos, nos divertirnos y soñamos. Durante una gran actividad podemos activar casi el 100%, gradualmente lo conectamos y lo desconectamos en varias áreas en serie y en paralelo, no es necesario tener todo el cerebro activo. Queda de manifiesto que todo el cerebro puede usarse bajo ciertas condiciones, si bien el consumo de oxígeno y de glucosa depende directamente de la cantidad de regiones cerebrales utilizadas. Ningún estudio científico ha contribuido a indicar que el cerebro emplee pocas áreas cerebrales; no hay ninguna evidencia que muestre que utilicemos menos del 10% del cerebro y seamos eficientes. Todas las neuronas pueden ser funcionales; si no lo hacen, es precisamente porque hay áreas de asociación y comunicaciones en latencia para hacer más funcional al cerebro.

Mito 3: las neuronas no se dividen

La vulnerabilidad del cerebro se debe a la pérdida de información de manera constante a partir de los 40 años en promedio. Sin embargo, es interesante reconocer que, en el hipocampo, sitio del cerebro para la memoria y el aprendizaje, sí es posible cuantificar división neuronal, es decir, que todos los días estamos formando nuevas neuronas en el hipocampo, proceso que depende de la actividad física y mental que realizamos.

Nuestro cerebro tiene 86 000 millones de neuronas de media, pero posee una capacidad de conectividad muy fuerte, lo que implica claramente que si nosotros realizamos actividades y nos esforzamos podemos incrementar la manera en que conectamos redes neuronales, de tal forma que cada neurona puede unirse o hacer conexiones (entre 5 000 y 15 000) de manera dinámica; por lo tanto, si una neurona tiene una gran cantidad de conexiones, puede compartir información, y en el caso de que llegara a morir, esa información estaría difundida en otras neuronas, por lo que no se perdería totalmente, sino que se reorganizaría. Por lo tanto, el secreto de nuestra plasticidad neuronal, además del número de neuronas, es la cantidad de neuronas conectadas que tenemos.

LECCIÓN 84

El cerebro no cambia nunca

Aunque esta lección cabe perfectamente en la anterior, la de los mitos del cerebro, decidí ponerla aparte por su importancia. Veamos.

El cerebro cambia con la vida, incluso en el mismo día. Esta es una de las grandes capacidades de nuestro cerebro para generar cambios para bien y a veces para situaciones patológicas. En la medida que vamos envejeciendo el cerebro puede perder neuronas, pero las que se quedan van conectando con otras; las neuronas aprenden, regulan y mejoran su eficiencia. Si el cerebro no duerme, puede cambiar su forma o modificar la manera como conecta con dichas neuronas, pero en la medida que vuelve a dormir, puede reorganizarse. El cerebro busca recuperar información. Para el cerebro es importante la alimentación, no hacerlo puede incidir sobre cambios adaptativos. El cerebro no es el mismo desde que nacemos, lo hemos enriquecido con información y esta lo ha hecho más arborizado, lo hemos ido transformando a lo largo de la vida, y aún puede seguirse conectando y transformándose con independencia de la edad que tengamos.

Por todo lo anterior, debemos reconocer que nuestras conductas o pensamientos no se deben solo a la actividad de un hemisferio cerebral; en realidad, si utilizamos todo nuestro cerebro, favorecemos la neurogénesis y contaremos con que este órgano maravilloso se transforme a lo largo de la vida.

LECCIÓN 85

La isquemia e infartos son diferentes en los cerebros de mujeres

El infarto y las hemorragias cerebrales son más frecuentes y de peor pronóstico en el cerebro de las mujeres. Están relacionados con un alto nivel de mortalidad y un muy alto grado de invalidez. Cada vez se elevan más los casos de ambos eventos, también conocidos como enfermedad vascular cerebral (EVC). Esta enfermedad está muy relacionada con la edad del ser humano y es más frecuente a medida que envejecemos. Tener una discapacidad relacionada con una isquemia, un infarto o una hemorragia disminuye la calidad de vida.

La relación que tienen las hormonas esteroides sexuales femeninas influye en estos procesos de infarto y hemorragia: los estrógenos (hormonas femeninas) tienen una actividad cardiovascular de protección, promueven mayor vasodilatación de arterias y venas, y en consecuencia favorecen la disminución de la presión arterial y el aumento en el flujo de sangre hacia el órgano que se perfunde. Ante situaciones de estrés, cambios en la frecuencia respiratoria o incremento de CO_2 las mujeres se adaptan más rápido. En contraste, en la menopausia se generan cambios en esta regulación, ya que en estas condiciones es cuando disminuyen la concentración de estrógenos y la reactividad vascular, se incrementa la presión arterial y también se eleva la probabilidad de infartos, tanto en el cerebro como en el corazón.

De esta manera podría parecer que el cerebro de las mujeres está protegido por las condiciones del estrógeno; cuando disminuye, la mujer es vulnerable a la apoptosis y a los cambios de la glucosa y el oxígeno. El alcohol y el tabaco actúan negativamente en el cerebro de las mujeres y mucho más cuando están en la etapa menopáusica y posmenopáusica. La obesidad, la hipertensión, el incremento de glucosa y colesterol también operan en contra del cerebro femenino y lo hacen más vulnerable a los infartos.

Todos los datos anteriores parecen mostrar que después de la menopausia son más fuertes y pronunciados en el cerebro de las mujeres. La migraña incrementa el riesgo de infarto cerebral casi tres veces más que en los hombres.

No obstante, la ingesta de anticonceptivos hormonales predispone a eventos de isquemia en las mujeres. Los infartos cerebrales también tienen una carga genética muy importante y, de nuevo, las mujeres muestran una gran tendencia a sufrirlos con mayor frecuencia. Las mujeres desarrollan más estados depresivos respecto a un varón después de un infarto cerebral, y esta depresión, posthemorragia o postinfarto retrasa su recuperación y se asocia con un aumento en las probabilidades de muerte en los siguientes dos años.

Es un hecho que a mayor edad un infarto tiene peor pronóstico. La probabilidad de recuperación por parte de la mujer es un 40% menor que la del hombre. En consecuencia, el tiempo de rehabilitación debe ser mayor en las mujeres que en los hombres, tanto en la actividad motora como en la terapia de lenguaje o en la terapia ocupacional.

LECCIÓN 86

La parálisis del sueño

El pensamiento mágico

La parálisis del sueño es una disminución transitoria de la capacidad de movernos cuando estamos dormidos o salimos del sueño profundo; en especial la cabeza, las piernas o los brazos, pese a tener conciencia de lo que está sucediendo. Nos despertamos, pero no podemos hablar y se ha interpretado erróneamente que es debido a que nos atrapa algún espíritu, a un ataque de fantasmas o que tenemos una experiencia paranormal. Esto no es correcto. En realidad se trata de un proceso neurofisiológico que ha experimentado el 95% de la población de este mundo.

Cuando estamos profundamente dormidos y soñando, en sueño REM (por las siglas en inglés de *Rapid Eye Movements* o en castellano MOR, movimientos oculares rápidos), los músculos del cuerpo se encuentran prácticamente relajados, de tal manera que inducir una contracción muscular puede tardar de 1 a 10 segundos. Esta disminución de la actividad muscular o mal llamada parálisis muscular no es anormal. Esto es lo que nos hace en ocasiones caernos de la cama. O tener sueños vívidos de que nos estamos asfixiando, o podemos tener una sensación de peligro al querer hablar y no poder hacerlo. El querer movernos y no ser capaces de hacerlo de forma inmediata se convierte en una situación angustiante, y por esta razón se presume que algo malo nos va a pasar.

El estrés, largos viajes, el consumo de alcohol o de café, así como situaciones angustiantes, están relacionadas con la inducción de la parálisis del sueño. Además, esto se ve por contaminación de algunas experiencias no agradables en nuestros sueños, ya que se pueden tener alucinaciones tanto visuales como auditivas. En esta etapa se pueden confundir algunas sombras, figuras humanas o escuchar voces o ruidos que son considerados de manera mágica como normales.

Entre el 25 y el 40% de la población, durante el proceso de la parálisis del sueño, siente opresión en el tórax y afirma que le cuesta trabajo respirar. Esto incrementa la sensación de angustia y que nos parezca que el evento dura más tiempo del que en realidad dura.

Debido a la influencia del cine, la parálisis del sueño se asocia con relatos de fantasmas o extraterrestres; dado el nivel de relajamiento que tiene el cuerpo, muchas personas pueden creer que vuelan o caen —el proceso contamina al estado de conciencia— o incluso que de verdad fueron atrapadas o abducidas. Muchas personas afirman haber sentido una experiencia extracorpórea. Sin embargo, hasta este momento la parálisis del sueño solo es un proceso transitorio que no implica ningún peligro.

LECCIÓN 87

Lateralidad y ambidiestro

La gran mayoría de los seres humanos tenemos la capacidad de tener un hemisferio cerebral dominante sobre el otro hemisferio cerebral, es decir, lateralidad, y es una manera muy básica de evaluar la función de nuestras neuronas. El hemisferio cerebral izquierdo controla la parte derecha de nuestro cuerpo. En contraste, el hemisferio cerebral derecho controla la parte izquierda de nuestro cuerpo. En una persona neurotípica, la región del lenguaje se encuentra en el hemisferio cerebral izquierdo y los procesos cognitivos de atención, memoria y creatividad se encuentran más en el hemisferio cerebral derecho. Se ha identificado que hay personas neurodivergentes, en las que no existen dominancias cerebrales y que sus hemisferios cerebrales son simétricos; en consecuencia, la actividad para hablar y para crear prácticamente reside en ambos hemisferios.

Un cerebro simétrico aumenta el riesgo de padecer problemas cognitivos: en especial tienen problemas escolares y de lenguaje, y al alcanzar prácticamente la última etapa de su adolescencia, es decir después de los 15 años, existe una probabilidad casi dos veces mayor de desarrollar síntomas relacionados con el trastorno por déficit de atención e hiperactividad: TDAH.

En el TDAH se tiene como característica un marcado cerebro ambidiestro en comparación con aquellos que tienen dominancias de los hemisferios cerebrales únicos, ya sean zurdos o diestros.

Cuando los hemisferios cerebrales son iguales, prácticamente se puede analizar una actividad en espejo entre uno y otro hemisferio, la coordinación y comunicación se involucran directamente con eventos cognitivos, conductuales y de la personalidad. Los adolescentes con TDAH no tienen un funcionamiento anormal del cerebro, son capaces de prestar más atención a la información que en ese momento se genera y que puede llegar a confundir a grupos neuronales, lo cual los hace retrasar los tiempos de respuesta o que no entiendan en primera instancia el problema. Hay dos hipótesis involucradas en el origen de este factor ambidiestro en el individuo que tiene TDAH, una es que cuando la madre se queda embarazada experimenta estrés, depresión e inseguridad durante el primer trimestre. La otra posibilidad es un cambio epigenético en los cerebros de estos niños, de acuerdo con el ambiente donde se desarrollan.

La lateralidad puede ser un factor de estudio para identificar problemas de comportamiento y cognitivos, y puede facilitar la detección temprana de algunos problemas.

LECCIÓN 88

Ansiedad para todos

Las manifestaciones de la ansiedad (agitación, inquietud desagradable por anticipación, sensación de catástrofe, crisis o estado persistente y difuso) pueden llegar al pánico. La sensación de ahogo y peligro inminente se presenta con una reacción de sobresalto, mayor intento de buscar soluciones eficaces para afrontar la amenaza que en el caso de la angustia; el sufrimiento anticipado puede variar de acuerdo con cada persona, muchas personas pueden manifestar algunos datos como signos y síntomas, y otras pueden no estar de acuerdo con lo que se manifiesta.

La ansiedad puede copiarse, incrementarse de acuerdo con el ejercicio social en el que se encuentra; además, cuando se expande, se contagia. Los factores estresantes y generadores de ansiedad en una sociedad pueden hacer que esta se comparta de manera caótica y genere violencia.

En contraste con la adaptación, el entendimiento y la organización cultural que la negociación puede ofrecer, es un hecho que la gran mayoría de los seres humanos entiende el concepto de ansiedad, pero su manifestación es como un espectro: en algunos puede ser muy leve, y en otros, dominante. En una sociedad en la cual se reúne a individuos altamente estresantes con otros que muestran muy poco sus emociones ante un detonante estresante, los individuos hipersensibles y más ansiosos pueden contagiar a los demás de su ansiedad en un tiempo menor a 15 minutos; por lo tanto, la ansiedad sí tiene un factor de contaminación conductual de grupos.

A nivel molecular, el proceso neurofisiológico de la inducción de ansiedad depende mucho de la activación de la amígdala cerebral y de los altos niveles de cortisol. Una proteína especial llamada neuropsina es actualmente uno de los marcadores de ansiedad: a mayores niveles de expresión de neuropsina, por la activación del gen Frkp5, se genera un estado de mayor y permanente activación de la amígdala, lo que conlleva a una manifestación de ansiedad durante más tiempo.

Muchos de los factores detonantes a través de memorias previas reactivan la amígdala, para generar a su vez todo un proceso de encontrar en cualquier situación un riesgo o un peligro. La ansiedad es una contaminación constante de nuestras conductas porque genera una anticipación de eventos que aún no han sucedido, pero que resultan ser demasiado peligrosos o arriesgados.

La gran mayoría de los seres humanos en estas condiciones pueden sentir que los eventos son nocivos o que el proceso social es desafiante, y en consecuencia tomar decisiones que en muchos de los casos no son adecuadas cuando el factor estresante es común a todos.

LECCIÓN 89

Fracasos ajenos enseñan mejor

Los errores de los demás son, sin duda, de los mejores maestros, ya que cuando vemos el error cerca de nosotros y en circunstancias parecidas, este tiene un factor emotivo más fuerte y sobre todo nos enseña a tomar decisiones apropiadas y a adoptar una conducta mejor pensada. El éxito se copia, pero el fracaso enseña.

Cuando la pérdida es masiva o el fallo es irreversible, las emociones son inmediatas, el error se reconoce. El cerebro trata de entender los errores, sacar conclusiones y explicaciones para evitar lo que a otros en circunstancias semejantes les afecta. El fracaso de otros, cuando se documenta, nos hace mejores. Nuestros errores, además de enseñarnos, hacen que otros eviten con la misma dinámica caer en los mismos fallos.

Somos testigos de los errores de otros, lo que hace al cerebro humano más eficiente cuando los aprende y los evita. El cerebro, al notar un error, automáticamente activa la corteza frontal inferior derecha, pues no quiere someterse a la vergüenza y la culpa que sufrió otra persona.

La narración del error es importante, la descripción y la metáfora con la que se describe ayuda a entender mejor los resultados. Por eso contar historias fraseando analogías y cambiando algunas secuencias hace que la historia se aprenda con mejor detalle. Imaginar un cuento buscando la parábola o el conflicto sin ser agresores o tratando de evitar los juicios es la mejor forma de analizar los errores cometidos.

LECCIÓN 90

Más meditación, menos pastillas

Cuando una persona realiza una meditación a través del *mindfulness* (atención plena) genera una desactivación funcional entre la corteza cingulada y la ínsula, por lo que disminuye la percepción del dolor.

Varios estudios longitudinales cuantificaron datos del corazón a través de la electrocardiografía, la electroencefalografía y analizando el registro de la actividad electro-dérmica, durante 20 minutos al día de meditación en atención plena por un periodo de 8 semanas. Esto dio como información que las tres bioseñales cuantificadas presentaron resultados congruentes, en línea con los beneficios esperados de la práctica regular de la meditación. En promedio, la actividad electro-dérmica disminuyó un 64,5%, lo que se relaciona con una menor tensión emocional, y la frecuencia cardiaca media mostró una pequeña reducción del 5,8%, como resultado de un aumento en la actividad del sistema nervioso parasimpático. En cuanto a los ritmos del cerebro, la actividad del ritmo alfa cortical prefrontal, asociada con condiciones de calma, experimentó un aumento muy significativo del 148,1%.

Después de 6 semanas de meditar todos los días a través de *mindfulness* se desarrolla una disminución significativa de estrés en un 92,9% y de la ansiedad en un 85,7%, esto medido en sujetos con varios controles y en distintos centros de investigación. Fácil de practicar y al alcance de todos, el *mindfulness* o meditación a través de atención plena se puede utilizar de forma proactiva para prevenir o mejorar la calidad de vida. Es una fuerte evidencia de la evolución del bienestar.

La meditación basada en la atención plena tiene efectos positivos sobre la depresión, y estos pueden durar seis meses o más. Aunque los resultados positivos son menos comunes en personas con trastornos de ansiedad, la evidencia respalda el uso complementario. No existen efectos negativos aparentes de las intervenciones basadas en la atención plena y sus beneficios generales para la salud justifican su uso como terapia complementaria para pacientes con depresión y trastornos de ansiedad.

El dolor crónico es una de las principales causas de discapacidad en nuestra sociedad. La eficacia limitada asociada con el tratamiento farmacológico y las intervenciones quirúrgicas en pacientes refractarios ha llevado a una mayor exploración de las intervenciones cognitivas y conductuales como modalidad terapéutica primaria y complementaria. La meditación basada en la atención plena ha demostrado ser eficaz para reducir el dolor en estudios aleatorios de pacientes con dolor crónico, así como en modelos de dolor inducido experimentalmente en participantes sanos. Estos estudios han revelado mecanismos neuronales específicos que pueden explicar el alivio del dolor tanto a corto plazo como sostenido, asociado con las intervenciones basadas en la atención plena.

LECCIÓN 91

La velocidad de nuestros pasos y las neuronas

El lenguaje corporal y el estado de ánimo se influyen mutuamente.

La forma de caminar influye en nuestro estado de ánimo. Nuestro andar después de los 40 años de media y la rapidez con la que nos movemos y damos los pasos sugieren la velocidad de nuestros pensamientos. Asimismo, la velocidad de marcha normal en varones se correlaciona negativamente con lesiones previas relacionadas con caídas, golpes o heridas. Es decir, los hombres que se han lesionado articulaciones o sufrido dolor muscular son los que disminuyen la velocidad de su marcha normal. Andar despacio se debe a un descenso en la velocidad de pensamiento, melancolía o antecedentes de golpes serios en nuestro cuerpo.

Envejecer y madurar le exigen al cerebro algunos cambios sinápticos, anatómicos y neuroquímicos. Si bien en el cerebro no dejan de conectarse neuronas independientemente de la edad que tengamos, estas sí pueden ir disminuyendo en su densidad pasados los 40; después de esta edad todos los días perdemos neuronas, y ante esa pérdida de neuronas se exige diversificar conexiones con las neuronas que se quedan, hasta que un día este proceso ya no es posible compensarlo, la memoria disminuye, los movimientos se van haciendo lentos y cambia la adaptación a muchas cosas, entre ellas, los horarios.

Al envejecer, la dopamina ya no se libera con tanta facilidad. Sus receptores disminuyen su expresión en las neuronas que causan la felicidad. Al envejecer solemos recordar con melancolía y procuramos vivir con más intensidad. Reímos menos y lloramos más. Al envejecer, el amor es maduro, por aprendizaje, por actividad neuronal, más que por su neuroquímica.

La velocidad de nuestros pasos tiene una relación inversa con la edad de nuestro cerebro: a mayor edad, el andar se hace más pausado, algo debido a la disminución neuronal de dopamina, serotonina y endorfina. Ser consciente de esto puede impulsarnos para realizar un cambio: hacer ejercicio, aprender cosas cada día, dormir de manera adecuada y sobre todo tener motivaciones en la vida es la mejor manera de evitar el andar lento.

LECCIÓN 92

El cerebro piensa mejor lo que ya conoce

Si escuchamos por segunda vez una afirmación, la consideramos como verdadera y dudamos menos de ella, aunque hayamos desconfiado de ella la primera vez que la oímos. La contundencia de la repetición, aunado a cuando otros la comparten, nos genera certidumbre de lo que escuchamos.

La estructura neuronal de nuestro cerebro especializada en los procesos cognitivos (el hipocampo) tiene una actividad fundamental en la memoria espacial y episódica, y se ha propuesto una función más amplia, que incluye aspectos de la percepción y el procesamiento lógico y relacional de los recuerdos.

La información auditiva y el sonido moldean al hipocampo. Al examinar estudios de imágenes cerebrales, tipos de grabaciones y efectos de lesiones, se ha identificado una jerarquía de respuestas del hipocampo al sonido, incluso durante la exposición pasiva, la escucha activa y el aprendizaje de asociaciones entre sonidos y otros estímulos. La conectividad y la arquitectura neuronal del hipocampo le permiten rastrear, memorizar y manipular información auditiva, ya sea en forma de quien habla, de alguien que canta los sonidos ambientales que oye cotidianamente o de las emociones que subyacen en palabras o recuerdos que se esconden.

Al detectar la palabra se memoriza, se recuerda, se adapta o se proyecta un evento de lo cotidiano al aprendizaje y a la memoria. El hipocampo procesa mejor lo conocido, ya que correlatos funcionales y estructurales de la experiencia auditiva se guardan y son latentes, es decir, se facilitan más cuando los escuchamos y asociamos a diversas cosas. El alcance de las interacciones auditivo-hipocampo es consistente con el hipocampo, que realiza amplias contribuciones y necesarios registros de la percepción y la cognición, más allá de la memoria espacial y episódica. Una mejor comprensión de estas interacciones puede facilitar el entrenamiento de los ritmos del hipocampo para apoyar la cognición (atención y memoria) y la intervención inmediata y profesional en los vínculos entre la pérdida auditiva y la demencia. De esta manera, exponer eventos conocidos requiere menor exigencia de análisis de la atención. De ahí que un cambio de maestro en la escuela, la voz de otro cantante en nuestra canción favorita o que alguien suba la voz o nos hable con pena haga al cerebro poner atención para jerarquizar la importancia de la información.

LECCIÓN 93

El color de la depresión

Depresión y colores

La tristeza modifica la percepción de los colores: si una persona se encuentra en un estado nostálgico, le cuesta trabajo observar con detalle contrastes, detectar los colores amarillos y azules; es cierto: al estar tristes, la vida se ve de color gris.

El trastorno depresivo mayor es un trastorno común y complejo que afecta negativamente la calidad de vida de un individuo; su diagnóstico y tratamiento no se ejecutan con precisión y en la mayoría de los casos se utiliza un enfoque basado en los síntomas, debido a la falta de información precisa. Hasta ahora, los tratamientos de primera línea siguen basándose en neurotransmisores monoaminas (serotonina, dopamina y noradrenalina). Aunque hay muchos avances en el campo de la psiquiatría, los mecanismos parecen volverse cada vez más confusos y el tratamiento farmacológico es también controvertido. La depresión es una de las principales causas de discapacidad y afecta a más del 4% de la población mundial. En las enfermedades neurodegenerativas y neuroinflamatorias se ha identificado que la inflamación afecta negativamente la salud de las mitocondrias, contribuyendo a la excitotoxicidad, al estrés oxidativo, los déficits energéticos y, finalmente, la muerte neuronal.

En relación con la etiología sináptica de la depresión, la hipótesis de las monoaminas está vigente, aunque hoy podemos tener más elementos alternos que no excluyen la importancia de la serotonina, en especial aspectos etológicos como la inflamación, el estrés oxidativo crónico, la disminución de las neurotrópicas y la neurogénesis, cambios en el metabolismo de las células gliales, todos juntos o por separado muestran un factor importante en los mecanismos de inicio y mantenimiento de la depresión.

Trastornos neurodegenerativos, incluida la depresión, están involucrados con los tres neurotransmisores relacionados directa e indirectamente con las emociones: dopamina, con alegría, felicidad, plenitud; noradrenalina, con miedo y enfado; serotoninas se asocian con disgusto y tristeza. Ante la ausencia de cada uno de los neurotransmisores señalados, la tristeza disminuye la percepción de los colores, en especial los cálidos. La vida adquiere entonces un color distinto.

La tristeza es la emoción en la que más glucosa y oxígeno consumen las neuronas. Por ello, el cansancio, el desánimo, la falta de motivación y los cambios en el apetito son marcadores de la depresión. Es en la depresión cuando más grupos de neuronas trabajan, relacionan proyecciones futuras y analizan sus detonantes del pasado. En el presente, la ausencia del color en la vida contribuye a detectar su presencia, y en ocasiones, si hay un buen manejo terapéutico, el tratamiento adecuado, es posible la recuperación y podrán verse con detalle y brillo los colores rojos, azules y amarillos.

LECCIÓN 94

Los hombres envejecen más rápido que las mujeres

A causa de factores genéticos, inmunológicos y biológicos, los varones envejecen más rápido y de peor manera que las mujeres; el riesgo de muerte para varones mayores de 30 años es siempre mayor. Por ejemplo, durante la pasada pandemia de COVID-19, el virus provocó el doble de muertes en hombres que en mujeres; ellas tienen efectos protectores ante el coronavirus.

Los hombres presentan en la sangre concentraciones de citoquinas, interleucinas y quimiocinas más elevadas en la fase temprana de las infecciones, es decir, un sistema neurológico más afectado y propenso a inflamaciones. En contraste, las mujeres tienen concentraciones más altas de IFN tipo I durante el curso de enfermedades virales, pero, sobre todo, la activación de linfocitos T es más efectiva en las mujeres. Estas células están relacionadas con el ataque directo a bacterias y virus. Los hombres son más vulnerables a las infecciones: 1) El gen TLR7, que detecta ADN viral y media la respuesta inmune es más grande y se expresa mejor en la mujer. 2) En los hombres después de los 65 años disminuyen de manera significativa el número y la activación de los linfocitos B, en las mujeres no. Es decir, los varones maduros gradualmente son más vulnerables a las infecciones.

Las mujeres viven más tiempo que los hombres, su esperanza de vida es casi 10 años mayor. Para precisar, se puede decir que los hombres no envejecen más rápido que las mujeres, simplemente son más débiles cada año que cumplen. Desde una perspectiva evolutiva, una alta tasa de muerte accidental en hombres jóvenes es compatible con un envejecimiento rápido. Por lo general, aun con controversia, algunos elementos de la ciencia aceptan que las mujeres envejecen más despacio, pero, al llegar a la menopausia, el factor protector desaparece. Por el contrario, una pubertad a edades tempranas (menores a 8 años) se asocia a menopausias tardías, y por otro lado, una menarquia tardía (14 años) se asocia con menopausia temprana. El programa hormonal temprano provoca una sobreactivación del sistema reproductivo femenino, que es muy vulnerable a la sobreactivación.

Las diferencias entre hombres y mujeres en cuanto a morbilidad no se caracterizan de manera tan sucinta. Los hombres tienen una mayor prevalencia de enfermedades letales, lo que está relacionado con su menor esperanza de vida. Las mujeres tienen más condiciones no letales, como depresión y artritis, lo que también puede estar relacionado en parte con una supervivencia más larga. Los hombres tienen un mejor funcionamiento físico y menos discapacidad, lo que se explica en parte por las diferencias de género en las enfermedades y también por su mayor fuerza, tamaño y resistencia. Las diferencias de género en los factores de riesgo de enfermedad han cambiado con el tiempo con la prevalencia y los tratamientos anticonceptivos hormonales. El declive mayor y más rápido de los hombres indica que envejecen más rápido que las mujeres; sin embargo, incluso estas medidas biológicas básicas son el resultado de una combinación de factores biológicos, conductuales y sociales.

La recuperación de una enfermedad a corto plazo difiere entre niños, adultos y mujeres. Los niños tienen una vida media del lactato más corta y una recuperación cardiaca y respiratoria más rápida en comparación con los adultos. Los niños requieren periodos de recuperación más cortos; a partir de los cambios hormonales de la adolescencia, esto varía: ser adulto reduce el tiempo de recuperación, más aún, ser varón tiene un pronóstico de recuperación lenta. Las mujeres, sin embargo, muestran una lenta recuperación de enfermedades cardiacas y respiratorias en comparación con los hombres.

LECCIÓN 95

¿Quién cuida al cuidador?

Evaluemos la gran responsabilidad de quien cuida.

La persona que cuida a un paciente terminal o con enfermedad mental tiende a deprimirse a lo largo del proceso del cuidado; la depresión es más fuerte cuando se trata de un familiar. Más del 50% de los familiares que cuidan a un paciente con enfermedad neurológica desarrollarán depresión en menos de 2 años. El 76% tendrá sobrecarga laboral y de actividades; el 24% sentirá estrés y desorganización de su vida personal y profesional.

Sin ser deterministas, la mayoría de las personas que viven con una enfermedad terminal y se acercan a la muerte necesitarán inicialmente de apoyo, comprensión, acompañamiento de una activa asistencia de un cuidador no profesional, como un familiar o un amigo, a veces de un vecino, que les brinde apoyo físico, emocional y práctico. La gran mayoría de estos cuidadores no profesionales pueden sentirse sobrepasados, estresados, aislados, apenados o enfadados y experimentar dificultades psicológicas y financieras. Además, los cuidadores necesitan de información y la falta de esta durante todo el período de atención puede llevarlos al caos. Las necesidades de los cuidadores de apoyo práctico y psicológico con una mejor formación y estrategias para mejorar la comunicación vienen después.

El cuidado es dispar al inicio, no está suficientemente detallado y es específico de la enfermedad, poco a poco esto se va aprendiendo y se complica, porque el conocimiento no siempre se asocia con un mejor cuidado y empieza a desesperar al cuidador y al enfermo. El cuidador necesita apoyo: se hace imprescindible tener servicios a mano, saber cómo manejar los síntomas, contar con relaciones de apoyo y sostén, así como con información para la muerte, prepararse para el manejo de la carga emocional y psicológica y recibir apoyo durante el duelo; tarde o temprano, este último es el que hace sentir culpa y sensación de haber podido hacer algo mejor.

Los cuidados paliativos son los que más se deberían tener, no solo para el enfermo, sino también en mayor proporción para el cuidador. El 75% de los cuidadores se preocupan a veces más por su ser querido que por sus propias vidas, ellos pasan a un segundo plano y su salud física y mental se ve afectada negativamente. Estos descuidos suelen pasar la factura mucho tiempo después. Algunos pueden estar preparados para afrontar la situación y suelen ser cálidos, decididos, confiados y optimistas, pero la gran mayoría no están capacitados y aprenden *de facto* a ser médicos, enfermeros, psicólogos, camilleros, camareros y cuidadores. Si la familia del enfermo es organizada y flexible, ayuda en todas las direcciones; pero si es cerrada y egoísta, siempre hará del cuidado un castigo, o la responsabilidad de atender al enfermo recaerá solo en el cuidador porque los demás tienen cosas más importantes que hacer. Los menos preparados se relacionan con baja autoestima y sus tácticas psicológicas de resistencia son, paradójicamente, ser evasivos y de difícil comunicación.

Los cuidadores pueden experimentar duelo, tristeza extrema, culpa, ansiedad, manejo inadecuado de las emociones (ira, llanto o desesperanza) durante la evolución temporal del cuidado, y esto empeora con la muerte del paciente.

Un mejor cuidador es aquel que tiene una carga equilibrada de tiempo, recursos y atenciones; hay que disminuir la carga del cuidador, pues esto ayuda a reducir los síntomas depresivos, vehementes, de abatimiento y encierro. Nos conviene cuidar al cuidador, en todos los sentidos. Es necesario comprenderlo, no agredirlo o culparlo. Ayudarlo y, sobre todo, mostrarle agradecimiento.

LECCIÓN 96

Del enamoramiento al amor

El amor es una experiencia neuronal delicada que profundiza en los fundamentos de la memoria, el aprendizaje, las emociones, las proyecciones; muchas fuentes de la experiencia emocional del amor permanecen inconscientes, sin estar presentes en lo cotidiano. La naturaleza del enamoramiento es doble y contradictoria, regresiva, progresiva, constructiva, destructiva, que conecta y separa, dirigida hacia el objeto, aunque lo niega por momentos. Esto gradualmente se pierde cuando el enamoramiento cambia a amor maduro, el que acepta y entiende a la persona tal como es en realidad. El enamoramiento es una proyección de lo idealizado con filtros de dopamina del cual solo se obtiene la experiencia hedonista.

La capacidad de idealizar es una condición previa para enamorarse, sin admiración no hay enamoramiento; sin admirar a la persona, no se puede construir un amor real. Las decepciones amorosas abruptas pueden ser traumatizantes, pero las graduales, las que se explican y entienden poco a poco, incluido el trabajo del duelo, y pueden conducir a una relación más auténtica que esté menos oscurecida por las necesidades narcisistas, son relativamente mejor entendidas y brindan una mayor experiencia. Lo que duele moralmente en una separación es el dolor al ego, pero es posible trabajarlo y sobre todo entenderlo.

El enamorado busca la identificación proyectiva únicamente con la persona a la que le atribuye ser única, y al mismo tiempo, su mente la posee en el periodo y el espacio subjetivo de sus pensamientos; esto indica una forma primitiva de relación psicológica inmediata y pasional. La estrecha interacción entre lo que quiero y lo que creo que la otra persona me puede dar. El enamoramiento marca límites no claros al principio, todo gira en torno a la necesidad de que la otra persona sienta lo que uno concibe, asociado con un fuerte deseo de continuar la relación, buscando la siguiente consumación, repitiendo actos de placer aprendidos en diferentes actos-tiempo-espacio.

Existe una transformación de conocimientos y experiencias a largo plazo en el enamoramiento, en transferencia y expresiones más desarrolladas de lo que será el amor. Madurar, aprender, respetar y conocer reducen el narcisismo, este es el cambio clave entre enamoramiento y amor, es la marca categórica del amor real y maduro.

Uno de los requisitos previos para el amor real es la madurez, a la que contribuye la disminución de dopamina, endorfina, cortisol, noradrenalina con mayor conectividad prefrontal, asociada con aprendizajes y mejores conexiones neuronales en diferentes partes del cerebro. Las 29 áreas cerebrales activas se reducen a 12, haciendo más eficiente al cerebro en la construcción de la relación afectiva. Otra diferencia significativa, aunque no excluyente, es que al transitar del enamoramiento al amor ya no se requiere de sufrimiento fácil basado en interpretaciones, ya no existe el dolor moral de buscar reforzadores inmediatos y utilizar la culpa como requisito previo para satisfacer infantilmente necesidades psicológicas, en el caso de tenerlas, no buscar o castigar, sino entender, tolerar y hablar.

Una clara diferenciación es que las ideas ilógicas y repetitivas que generan tensión e incomodidad desaparecen; esto indica que el amor existe y ya no es una proyección. El amor maduro tiene la capacidad de tolerar la ambivalencia, sostener la capacidad de integrar tanto las experiencias de amor como las de enfado, molestia y desaprobación, en un marco de tiempo, espacio del otro y aprendizaje de ambos. Se puede ver el amor que ayuda a integrar y dar un marco de seguridad. Una de las mejores experiencias de este proceso es aceptar un fallo, ofrecer una disculpa, lo que conlleva a trascender en el amor maduro, lo cual el cerebro aprecia con los años.

LECCIÓN 97

Infidelidad

¿Te gusta? Neuronas del área tegmental ventral izquierda se activan al ver atractivo facial. ¿Te apasiona? Neuronas del núcleo caudado anteromedial derecho se correlacionan con la intensidad de la pasión romántica.

Infieles por el mundo... ¿La misma pareja... en otra persona?

Lo que vas a leer a continuación puede ser demasiado fuerte para los recuerdos de tus exparejas, pero es real. El 80% de los humanos de este planeta buscan características semejantes en distintas parejas a lo largo de la vida. Es difícil imaginar relaciones románticas, maravillosas, de apego y comprometidas sin transgresiones de algún tipo, toda relación enseña, por más difícil que sea. A pesar de las mejores intenciones de no causar daño o decepción a la pareja, romper reglas y promesas es en gran medida inevitable en las relaciones a largo plazo o de gran apego. Si algunas transgresiones pueden ser triviales y fácilmente perdonadas u olvidadas, aquellas que involucran traición pueden tener efectos significativos en la relación. Las personas que han sufrido una infidelidad como víctimas, paradójicamente, liberan más oxitocina y dopamina en su cerebro enfrascándose en una lucha amor-odio, enfado y perdón. La infidelidad es la razón más común de una ruptura, las más dolorosa y la que mayor contenido de aprendizaje deja. La infidelidad puede no solo tener un efecto destructivo en lo moral y económico, sino también afectar negativamente al bienestar emocional general de ambos personajes involucrados, porque, por más inverosímil que pueda ser, el infiel sí sufre, aunque obviamente la víctima sufre más: en ella es posible un incremento de la probabilidad de depresión y generación de baja autoestima.

La infidelidad ocurre cuando una persona siente que su pareja ha quebrantado la norma de la relación monógama al interactuar con alguien que no es parte de su relación a través de un acto sexual o emocional realizado por una persona dentro de una relación comprometida. Constituye un abuso de confianza, y la ruptura de manera irreversible de las normas acordadas mediante relaciones románticas, emocionales o sexuales de exclusividad.

Generalmente, la infidelidad se define como cualquier tipo de secreto emocional, sexual o romántico. Un comportamiento que vulnera la exclusividad que tiene por definición la relación romántica. Hay diversas definiciones de infidelidad, divididas en subtipos: sexual, emocional, combinada (sexual y emocional) y la que se puede llegar por internet.

La infidelidad implica el secreto y ocultamiento de conductas con un individuo fuera de la relación comprometida. El 97% de la población evalúa este comportamiento como no tolerable. El comportamiento se puede describir como relaciones interpersonales, coqueteo, secretos, desde besos, caricias, sexo e intercambio de planes en secreto.

La infidelidad emocional es definida como la implicación emocional con un tercero que viola las reglas básicas establecidas por la pareja (confiar en otro, compartir los pensamientos más profundos con otra persona, enamorarse de otra persona, ser vulnerable con otro, estar más comprometido con otro, gastar dinero en otro).

A los hombres les obsesiona y reprochan más la infidelidad sexual, mientras que las mujeres reprenden más la infidelidad emocional. La infidelidad emocional es la más angustiante, obsesiva y destructiva. Las mujeres son más vulnerables cuando perciben la infidelidad emocional, les resulta más perturbadora. La gran mayoría de las mujeres en Latinoamérica creen que los hombres no son capaces de mantener la fidelidad sexual en sus relaciones, pero entienden que pueden luchar por ser emocionalmente leales. La lealtad emocional tiene un valor muy especial para las mujeres.

Los hombres heterosexuales reprochan y les afecta más la infidelidad sexual que la emocional; en contraste, las mujeres heterosexuales, las mujeres lesbianas y los hombres homosexuales tienden a sentir niveles igualmente altos de angustia, temor y rencor por la infidelidad emocional. El compromiso se correlaciona con la angustia y la ira frente a la infidelidad emocional, pero no tanto para la de tipo sexual.

El vínculo emocional disminuye la sensación de seguridad de la pareja traicionada; la angustia y la ansiedad marcan la conducta en las siguientes semanas. La ruptura de una relación amorosa es más dolorosa cuando él o ella definen su autoafirmación y autoestima a través de su pareja. La infidelidad es más dolorosa cuando todo —al parecer— estaba bien y de manera intempestiva, como una ola de mar, irrumpe con gran fuerza y golpea sin avisar previamente. Tener antecedentes, sospechar o percibirlo ayuda a preparar el terreno de la separación. Pero lo que sucede de manera repentina llena de odio, rencor y sufrimiento una separación.

LECCIÓN 98

El suicidio

¿Qué tienen en común Robin Williams, Ernest Hemingway, Kurt Cobain, Virginia Woolf, Alexander McQueen, Chris Cornell y Avicii? No fue su vida, sino la forma de morir: todos ellos se suicidaron.

El suicidio es el acto por el que una persona deliberadamente se quita la vida.

En México, de acuerdo con las cifras del Instituto Nacional de Estadísticas y Geografía (INEGI), las muertes por suicidio aumentaron en 5 años un 25%; solo en 2022 se contabilizaron 8123, lo que equivale a 22 suicidios al día. La depresión es la entidad psiquiátrica más frecuente. De las personas que no cuentan con redes de apoyo, el 25,8% sufrió depresión más de la mitad de la semana anterior al evento, a diferencia de quienes contaron con apoyo, donde el porcentaje disminuyó hasta el 12,6%. La Organización Mundial de la Salud informó que a nivel mundial se producen 102 suicidios por hora, 1,7 por minuto. En México, el rango de edad más frecuente de quien comete el suicidio es entre los 20 y los 39 años, en el mundo es de 15 a 44 años.

La conducta suicida tiene antecedentes genéticos y psiquiátricos, así como factores sociales, familiares, culturales, económicos, incluso fisiológicos. Cada persona que ha cometido suicidio se ha visto motivada por aspectos muy particulares.

La depresión, el alcoholismo y la esquizofrenia son los trastornos psiquiátricos más relacionados que llevan a una persona a cometer el acto suicida.

Individuos con cambios afectivos suelen tener depresión persistente, y la probabilidad de cometer suicidio es un 20% más que en aquellos que no tienen estos trastornos. En promedio, el 90% de los fallecidos por suicidio tenían depresión.

El abuso de alcohol está muy relacionado con la conducta suicida. La comorbilidad de alcoholismo, soledad, problemas con la pareja o pérdida del trabajo aumenta de forma significativa los impulsos destructivos, envía por separado hechos como detonantes para la idea suicida.

Cuando concurren dos enfermedades psiquiátricas el riesgo suicida se cuadriplica respecto a la presencia de una sola patología.

Siete de cada diez personas que se suicidaron pasaron por experiencias traumáticas en el transcurso de su vida, como abuso sexual, negligencia emocional, violencia o maltrato.

También enfermedades terminales o degenerativas se asocian al acto suicida, por ejemplo, personas que reciben el diagnóstico de ser VIH positivas; tener un tumor puede ser-síntoma de una enfermedad degenerativa y motivo para un acto suicida.

Para las mujeres, a mayor número de hijos, disminuye la probabilidad de suicidio; en los varones no hay datos al respecto. Es muy difícil predecir un suicidio.

En el cerebro de un individuo suicida el común denominador es el desánimo, la tristeza y la melancolía; algunos días previos a cometer el acto se puede comportar de manera agresiva. Es importante indicar que los niveles de oxitocina, dopamina y serotonina están disminuidos, también la noradrenalina y el estado de ánimo se ven vulnerados.

¿Cómo saber que se está en riesgo de una conducta suicida?

Cuando a las personas les resulta difícil llegar a acuerdos y les cuesta trabajo tener el control de las cosas.

Cuando el estado de ánimo cambia de manera brusca.

Cuando las personas preguntan la opinión de otros sobre el suicidio.

Cuando anuncian de manera directa o indirecta el suicidio.

Cuando el pensamiento progresivamente se hace monótono o las palabras de desánimo son muy comunes en su lenguaje.

Cuando se presenta aislamiento social.

Cuando se huye de los eventos sociales.

Por las cifras del Instituto Nacional de Estadísticas y Geografía (INEGI) en México y de la Organización Mundial de la Salud se ha identificado que la esquizofrenia, el alcoholismo y la depresión inciden en el suicidio; además, en los pacientes aquejados de psicosis se encuentran como factores que suelen producir el suicidio. Sin embargo, algo muy importante que indican estos estudios epidemiológicos es que si la persona cuenta con una red social que la apoye o la escuche disminuye la probabilidad de una conducta suicida.

LECCIÓN 99

Cuando las cosas no van bien

Las expectativas de la vida pueden ser mejores si son razonables.

Al cerebro que exige perfección, cuando no la encuentra, le cuesta mucho trabajo aceptar lo cotidiano, se reduce a la emoción del enfado, el berrinche lo comprime a un espacio en el tiempo —que lo puede atrapar y dejarlo ahí en el olvido social— y lo aleja del perdón.

Deberíamos reírnos más de cómo somos y reflexionar en lo que nos equivocamos, en lugar de fustigarnos por lo que no fuimos, por lo que no somos, o por lo que nos hubiera gustado ser. El autocastigo de lo que pudimos ser a lo que nos toca ser y estar duele, pero enseña mejor.

Ser perfecto es algo fuera del alcance del ser humano; el cerebro se equivoca, aprende, se organiza y lo intenta de nuevo. Exigir perfección nos aleja de todos, intimida; efectivamente, el mejor profesor es el error, de él se aprende a no fallar otra vez; la eficiencia de la plasticidad sináptica que poseemos por habernos equivocado y ahora ser mejores nos hace excelentes, pero no perfectos. Cuando se busca la perfección, el cerebro omite detalles y es más fácil que se equivoque otra vez. Paradójicamente buscar perfección nos aleja de ella. Las expectativas de los demás por lo general nos alejan de la felicidad.

Hablarnos con amabilidad, aceptarnos como somos, ser congruentes y en la misma medida apreciar la ayuda de los demás reduce los efectos negativos cotidianos, ayuda a eliminar la atmósfera negativa fútil; agrega más corteza prefrontal e hipocampo a la vida. Es donar dopamina con sonrisas, unirme con la oxitocina y ser parte de la endorfina de muchas personas.

Ante un error hay que identificar los límites, las expectativas deben ser razonables, no desesperar, el tiempo otorga las conexiones y estrategias neuronales para triunfar, solo es cuestión de reorganizar, aprender y ser creativo.

Somos únicos, somos maravillosamente perfectibles:

si me conozco, me entiendo,
si me entiendo, me ayudo,
si me ayudo, me acepto,
si me acepto, me cuido,
si me cuido, aprendo,
si aprendo, me respeto,
si me respeto, soy responsable de mí,
si soy responsable de mí, puedes confiar en mí.

LECCIÓN 100

Conceptos básicos

Puedes tener 1 o 10 razones para no ser feliz.
Puedes tener más de 100 problemas.

Tu cerebro tiene más de 1 millón de razones para no rendirse y sonreír.
Tienes más de 86 000 millones de razones para ser feliz.

Tener salud mental es la mejor riqueza que podemos tener.

No debemos tratar de resolver el problema con el mismo pensamiento y emoción con que se crearon. Sin errores no se intenta lo nuevo.

La familia que creas es más importante para tu cerebro que la familia de la que vienes.

Llénate de recuerdos y aprendizajes, nunca de sueños sin cumplir; esos déjalos ir.

Las personas que no te conocen, no tienen idea de la magnitud de tu potencial.
Quien te conoce y te ama, siempre estará orgulloso de ti.

Tu cerebro es más grandioso que cualquiera de tus problemas.